百科通识
文库

49

# 恐龙探秘

戴维·诺曼 著

史立群 译

外语教学与研究出版社

北京

京权图字：01-2006-6860

**图书在版编目（CIP）数据**

　恐龙探秘 ／（英）诺曼（Norman, D.）著；史立群译. — 北京：外语教学与研究出版社，2015.8
　（百科通识文库）
　ISBN 978-7-5135-6512-7

　Ⅰ. ①恐⋯　Ⅱ. ①诺⋯　②史⋯　Ⅲ. ①恐龙－普及读物　Ⅳ. ①Q915.864-49

中国版本图书馆CIP数据核字(2015)第198773号

出 版 人　蔡剑峰
项目策划　姚　虹
责任编辑　文雪琴
封面设计　泽　丹
版式设计　锋　尚
出版发行　外语教学与研究出版社
社　　址　北京市西三环北路19号（100089）
网　　址　http://www.fltrp.com
印　　刷　三河市紫恒印装有限公司
开　　本　889×1194　1/32
印　　张　7.5
版　　次　2015年9月第1版　2015年9月第1次印刷
书　　号　ISBN 978-7-5135-6512-7
定　　价　20.00元

购书咨询：（010）88819929　电子邮箱：club@fltrp.com
外研书店：http://www.fltrpstore.com
凡印刷、装订质量问题，请联系我社印制部
联系电话：（010）61207896　电子邮箱：zhijian@fltrp.com
凡侵权、盗版书籍线索，请联系我社法律事务部
举报电话：（010）88817519　电子邮箱：banquan@fltrp.com
法律顾问：立方律师事务所　刘旭东律师
　　　　　中咨律师事务所　殷　斌律师
物料号：265120001

# 百科通识文库书目

## 历史系列：

美国简史          探秘古埃及

古代战争简史          罗马帝国简史

揭秘北欧海盗

日不落帝国兴衰史——盎格鲁－撒克逊时期

日不落帝国兴衰史——中世纪英国

日不落帝国兴衰史——十八世纪英国

日不落帝国兴衰史——十九世纪英国

日不落帝国兴衰史——二十世纪英国

## 艺术文化系列：

建筑与文化          走近艺术史

走近当代艺术          走近现代艺术

走近世界音乐          神话密钥

埃及神话          文艺复兴简史

文艺复兴时期的艺术          解码畅销小说

## 自然科学与心理学系列：

破解意识之谜　　　　　　认识宇宙学

密码术的奥秘　　　　　　达尔文与进化论

恐龙探秘　　　　　　　　梦的新解

情感密码　　　　　　　　弗洛伊德与精神分析

全球灾变与世界末日　　　时间简史

简析荣格　　　　　　　　浅论精神病学

人类进化简史　　　　　　走出黑暗——人类史前史探秘


## 政治、哲学与宗教系列：

动物权利　　　　　　　《圣经》纵览

释迦牟尼：从王子到佛陀　解读欧陆哲学

死海古卷概说　　　　　　欧盟概览

存在主义简论　　　　　　女权主义简史

《旧约》入门　　　　　　《新约》入门

解读柏拉图　　　　　　　解读后现代主义

读懂莎士比亚　　　　　　解读苏格拉底

世界贸易组织概览

# 目 录

# 图 目

# 绪论

## 恐龙：真实与虚构

恐龙正式"诞生"于 1842 年，源自英国解剖学家理查德·欧文（Richard Owen, 图 1）的真正杰出且富于直觉的探索工作，他主要研究英国某些已灭绝的爬行动物化石的特性。

在欧文的时代，可供其研究的只是到当时为止所发现的少量骨骼和牙齿化石，这些化石散布于不列颠群岛各地。虽然恐龙的诞生相对来说不算顺利（最早只是作为补记出现在英国科学促进协会第 11 次会议发表的报告中），但它们很快就成了全世界关注的中心。其中的理由很简单。欧文在伦敦的皇家外科医学院博物馆工作，而当时的大英帝国大概正处于势力范围最广阔的巅峰时期。为了庆祝这样的影响和成就，有人提议在 1851 年举办大博览会。为了举办这个活动，人们在伦敦市中心的海德公园建造了一个巨大的临时展览大厅（约瑟夫·帕克斯顿 [Joseph Paxton] 的钢铁和玻璃"水晶宫"）。

图 1 理查德·欧文教授（1804—1892）

1851年底，人们并没有拆毁这座绝妙的展览大厅，而是将它迁到了伦敦郊区的锡德纳姆（即后来的水晶宫公园）这一永久地址。展厅周围的公共绿地得到了美化并按主题布置，其中的一个主题描述了自然历史和地质学方面的科学探索，以及它们对阐明地球历史的贡献。这个地质主题公园大概是同类公园中最早的之一，其中既有对真正地质特征（洞穴、灰岩路面、地质层）的重建，也包括了对远古世界居住者的再现。欧文与雕刻家兼主办人本杰明·沃特豪斯·霍金斯（Benjamin Waterhouse Hawkins）合作，在公园内安放了巨大的有着铁制骨架的混凝土恐龙模型（图2）以及其他当时已知的史前生物模型。在1854年6月移址后的"大博览会"重新开放之前，进行了前期的宣传活动，包括1853年的元旦前夜在完成了一半的禽龙模型肚子里举办的庆祝晚宴，这使欧文的恐龙得到了公众的极大关注。

恐龙是生活在迄今不为人所知的远古世界的已绝灭动物，也是神话和传说中的龙的实际化身，这些事实或许保证了它们被社会所广泛接受；它们甚至出现在与理查德·欧文私交甚笃的查尔斯·狄更斯（Charles Dickens）

**图 2** 上图：水晶宫中禽龙模型的素描图
　　　下图：水晶宫公园巨齿龙模型的照片

的作品中。从这些令人记忆深刻的开端起，公众对恐龙的兴趣就被培养起来，并一直保持下去。至于为什么恐龙的吸引力如此持久，人们有很多推测：这可能与讲故事的重要作用有很大关系，因为故事是激发人们想象力和创造力的一种手段。这让我想到，人类智力增长和文化水平提高的关键时期是在大约 3 到 10 岁之间，这也常常是对恐龙的喜爱最狂热的年龄段——许多父母可以证实这一点——这并非巧合。孩子们第一眼看到恐龙骨架时的兴奋模样是显而易见的。正如已故的斯蒂芬·杰伊·古尔德（Stephen Jay Gould）——可以说他是最伟大的自然历史科普作家——精辟论述的那样，恐龙之所以深受大众喜爱，是因为它们"庞大、可怕，而且［对于我们来说幸运的是］已经灭绝"。的确如此，它们嶙峋的骨架对富于想象力的年轻人来说极具吸引力。

恐龙的潜在吸引力与人类心灵之间存在某种关系，很多神话和民间传说为这一观点提供了证据。阿德里安娜·梅厄（Adrienne Mayor）曾指出，早在公元前 7 世纪，古希腊人就与中亚的游牧文化有所接触了。当时的书面记录中有对狮身鹰面兽（英文作 Griffin 或 Gryphon）的描述：

据说它是一种贮藏并警惕地守卫着金子的动物；它的身体像狼一样大小，长有喙，四条腿，脚上有尖利的爪子。此外，至少是公元前3000年的近东艺术中描绘了类似狮身鹰面兽的动物，而迈锡尼文明也有此类描绘。狮身鹰面兽的神话起源于蒙古和中国的西北部，与天山和阿尔泰山地区的古丝绸之路和黄金勘探有关。（现在我们知道）这个地方拥有非常丰富的化石遗存，并因其保存完好的大量恐龙骨架而闻名；白色的骨骼化石在埋藏它们的松软红色砂岩的衬托下格外醒目，因此这些骨架特别容易被发现。更有趣的是，在这些砂岩中保存最丰富的恐龙化石是原角龙。它大致像狼一样大小，长有突出的钩状喙，四条腿的末端长有带尖利爪子的脚趾。它们的头骨也有向上生长的醒目骨质饰角，这很可能就是狮身鹰面兽形象中常常描绘的翅状结构的来源（比较图3中的两幅插图）。人们对狮身鹰面兽的叙述和描绘持续了一千多年，但是在公元3世纪以后，它们的故事越来越显示出寓言的特征。基于这些事实，狮身鹰面兽的传说似乎极有可能来源于穿越蒙古的游牧旅行者对恐龙骨架的实际观察；它们展示了奇异的神话怪兽与真实的恐龙世界之间的惊人联系。

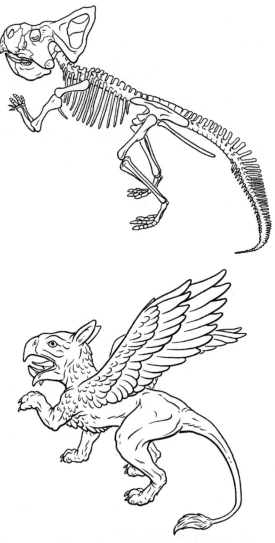

**图 3** 神话中的狮身鹰面兽展示了原角龙所有关键的解剖学特征，穿越蒙古的丝绸之路上的旅行者或许曾经观察过原角龙的骨架。

透过客观现实的苛刻镜头来看，恐龙文化的普遍性是异乎寻常的。要知道，没有人曾见过除鸟类之外的活恐龙（不管一些颇为荒诞的创造主义文学作品如何声称）。可鉴定出的最早的与我们同种的人类成员生活在大约 50 万年前。[1] 相反，最后在地球上漫步的恐龙存在于大约 6,500 万年前，之后它们很可能在一场因一颗巨大的陨星撞击地球而引发的灾变中与许多其他动物一起灭绝了（参见第八章）。因此，在它们突然灭亡**之前**，恐龙作为一群具有相当令人迷惑的多样性的动物，在地球上生存了超过 1.6 亿年。这无疑将促使人们对人类生存的时限以及目前人类对这个脆弱星球的主宰（特别是有关我们对资源利用、污染和全球变暖的争论）等问题有一个明确而清醒的认识。

如今，对恐龙及其所生活的迥异于今的世界的认识本身即证明了科学非凡的解释能力。盘根问底、探究自然界及其所有产物，以及不断提出那个令人着迷的简单问

---

1 人属（Homo）包括了许多个种，它们的中文俗名都通称为"某某人"，比如 100 多万年前的元谋人是人属直立种（Homo erectus），而 200 多万年前的东非能人的种名为 Homo habilis，与我们现今的人类（即智人 Homo sapiens）都不属于同一个种，不是"human members of our species"。至于我们同种的人（即智人）起源的年代，不同学者有不同的看法，差别很大，至今尚无定论，因此作者说其存在于 50 万年前不能算错。——译注，下同

题——为什么？——的能力，是人类的本质特征之一。为了确定这种一般性问题的答案而开创出缜密的方法是一切科学的核心，这一点丝毫不令人惊讶。

毫无疑问，恐龙引起了许多人的兴趣。它们的生存本身就激起了人们的好奇心，这在某些情况下可以用作一种手段，向相信科学的观众介绍令人兴奋的科学发现，以及使科学得到更广泛的应用。正如对鸟类鸣叫的着迷一方面可以引起对物理学上声音传播、回声定位乃至雷达的兴趣，另一方面则能激发对语言学和心理学的兴趣，对恐龙的关注也有可能开辟通往同样惊人且异常广泛的多种学科的新途径。概述某些这类通向科学的途径是本书的根本目的之一。

古生物学是建立在化石研究基础上的科学，化石是早于人类文明开始对世界产生可确定影响——亦即1万多年以前——的年代已死亡的生物体的遗存。这一科学分支代表了我们努力使这些化石恢复生命的尝试：并不是指真正意义上的使死亡的动物复活（在虚构的《侏罗纪公园》中的方式），而是通过运用科学方法来尽可能充分了解这些动物到底是什么样子，以及它们是如何适应当时的环境的。每当一块动物化石被发现，它便向古生物学家提出了一系列的谜题，与小说中的大侦探夏洛克·福尔摩斯所面对的谜题没有什么两样：

- 它活着时属于哪一类动物？
- 它是多久以前死亡的？
- 它是因年老而自然死亡的，还是被杀死的？
- 它是恰好死在被发现的地点并被埋葬在岩石中的，还是死后从其他地方被搬运到这里的？
- 它是雄性还是雌性？
- 这种动物活着时是什么模样？
- 它是色彩鲜艳的还是灰暗的？
- 它行动迅速还是迟缓？
- 它吃什么？
- 它的视力、嗅觉和听力如何？
- 它和生活在今天的动物有什么亲缘关系吗？

这些仅仅是可能提出的问题中的几个例子，但所有的问题都旨在对该动物及其所生活世界的画面进行逐一重构。我的一个亲身经历是，由于电视系列片《与恐龙同行》里的虚拟恐龙栩栩如生，简直令人不可思议，从该片首次播出开始，许多人因纪录片中的所见所闻而激起了极大的好奇心，并提出这样的问题："你怎么知道它们是那样行动的？……长那个模样？……有那样的行为？"

由并不复杂的观察和基本常识所引发的问题构成了本书的基础。就其本身而言，每块化石的发现都是独一无二的，它有可能会告诉我们当中那些寻根究底者一些知识，关乎我们作为这个世界的成员所拥有的遗产。然而，我应该对这一说法加以限定，亦即本书将要讨论的这一特定类型的遗产是指我们和这个星球上所有其他生物共同分享的**自然遗产**。根据最新的推测，这份自然遗产延续的时间超过 38 亿年。我将探讨的仅仅是这段漫长时间中很短的一部分：2.25 亿年前到 6,500 万年前这段时间，当时恐龙主宰着地球上的绝大多数生命活动。

第一章

# 恐龙大观

石化的恐龙遗体（值得注意的例外是它们的直系后裔鸟类——参见第六章）发现于岩石中，这些岩石被确定是属于中生代的。中生代岩石的年代范围是从245百万年前到65百万年前（下文中以缩写符号Ma代表百万年前）。由于这些数字太大了，简直难以想象，为了将恐龙生活的时代置入历史背景中，较简单的办法就是请读者参考地质年代表（图4）。

在19世纪和20世纪的大部分时间里，地球的年龄以及构成地球的不同岩石的相对年龄，一直是科学家认真研究的课题。在19世纪早期，人们逐渐认识到（尽管不无争议），地球上的岩石以及其中包含的化石可以从性质上分为不同的类型。有的岩石似乎不含化石（通常被称为火成岩，或"基岩"）。位于这些明显无生命的基岩之上的

是四种类型的岩石序列，标志着地球的四个年代。在 19
世纪的大部分时间里，这些年代被命名为原始纪、第二
纪、第三纪和第四纪——字面意思就是第一、第二、第三
和第四年代。含有古代贝类和简单的鱼形动物遗迹的年代
为"原始纪"（现在更普遍称其为古生代，字面意义上是
指"古代生命"）。古生代之上的岩石序列中含有贝壳、鱼
和陆生蜥蜴类（或称"爬虫"，现在包括两栖类和爬行类）
的组合；这些岩石被粗略地归入"第二纪"（现在的中生
代，"中期的生命"）。中生代之上的岩石中含有的生物与
如今的生物更为相似，特别是因为其中包括了哺乳动物和
鸟类；这些岩石被命名为"第三纪"（今天亦称为新生代，
"新近的生命"）。最后是"第四纪"（或称全新世），它标
志着可辨认的现代植物和动物的出现以及大冰期的影响。

这个基本模式一直很好地经受住了时间的检验。所有
现代地质年表都仍然承认这些相对粗略但又基本的划分：
古生代、中生代、新生代和全新世。然而，研究化石记录
方法的改进，例如，高分辨率显微镜的使用、与生命相关
的化学特征的鉴定，以及放射性同位素技术的应用使岩石
的测年更加准确等，使得地球历史的年代表更加精确。

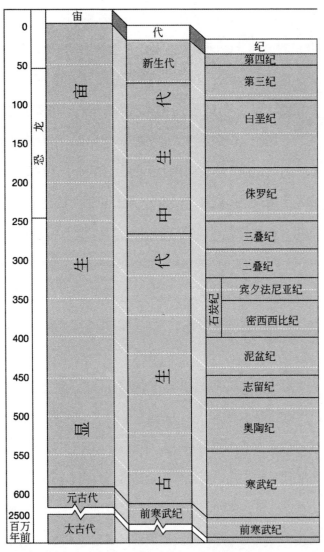

**图 4** 恐龙在地球上生活的时期在地质年代表中所处位置

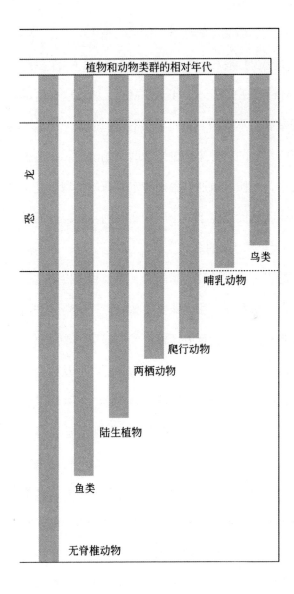

植物和动物类群的相对年代

恐　龙

鸟类

哺乳动物

爬行动物

两栖动物

陆生植物

鱼类

无脊椎动物

在本书中我们最关注的地质年代部分是中生代，其中包含了三个地质时期：三叠纪（245—200 Ma）、侏罗纪（200—144 Ma）和白垩纪（144—65 Ma）。注意这些时期的持续时间是完全不同的。地质学家不可能创造一个像节拍器一样滴答作响的时钟来测量地球时间的流逝。在过去的两个世纪中，地质学家通过鉴别特定岩石的类型以及其中的化石组成，从而划定了各个时期之间的界线，这通常反映在对特定地质时期的命名上。"三叠纪"这一术语源自三组独特的岩石类型（称为里阿斯、玛姆和道格）；"侏罗纪"则来自一组发现于法国侏罗山脉的岩石序列；而"白垩纪"这一名称的选择则反映了极厚的白垩层（希腊语中称作 *Kreta*），例如构成多佛白色悬崖的岩石，以及在整个欧亚大陆和北美广泛发现的白垩层。

已知被鉴定出来的最早的恐龙发现于阿根廷和马达加斯加年代为 225 Ma 的岩石中，这是三叠纪即将结束的时候（这一时期被称为卡尼期）。非常棘手的是，这些最早的化石并不是同一种动物罕见的、个别的标本：即所有后来出现的恐龙的共同祖先之标本。到目前为止，至少识别出了 4 种、也许是 5 种不同类型的恐龙：3 种是食肉的

（始盗龙、黑瑞拉龙和南十字龙）；1种是叫做皮萨诺龙的
植食者，它的标本很不完整，令人无奈；还有1种是仍未
命名的杂食者。显然可以得出这样一个结论：它们不是最
早的恐龙。在卡尼期无疑存在着各种不同的早期恐龙。这
表明，在中三叠世（拉丁期至安尼期）一定有恐龙生存，
它们是卡尼期多种恐龙的"父辈"。因此我们知道，关于
恐龙起源的故事，无论是时间还是地点，肯定还是不完
整的。

## 为什么恐龙化石很罕见

对于读者来说，很重要的是从一开始就认识到化石记
录是不完整的，以及或许更令人烦恼的是，它们注定是零
零碎碎的。这种不完整性是由石化过程决定的。恐龙都是
生活在陆地上的(陆生)动物，这造成了很多特殊的问题。
为了理解这一点，我们有必要首先考虑一下生活在海里的
贝壳类动物的情况，例如牡蛎。在今天牡蛎生活的浅海环
境里，它们变成化石的可能性是相当大的。它们生活或附
着在海底，不断受到小颗粒（沉积物）的"洗礼"，这些

小颗粒包括正在腐烂的浮游生物、粉砂或淤泥，以及砂粒。假如一只牡蛎死亡了，它的软组织会很快腐烂或被其他动物吃掉，而它的坚硬外壳将会逐渐埋在细细的沉积物之下。一旦被埋藏，随着它陷入越来越厚的沉积层之下，贝壳就有可能变成化石。经过数千年或数百万年，埋藏外壳的沉积物逐渐被压缩，形成了粉砂岩，这些砂岩可能被沉积的碳酸钙（方解石）或二氧化硅（硅石／燧石）胶结在一起或石化（从字面上讲就是变成石头），而这些胶结物是由渗入岩石结构的水携带进来的。要发现当初的牡蛎化石，原先埋藏很深的岩石需要经由地球运动抬升起来，形成干燥的陆地，然后经受常规的风化和侵蚀过程。

相反，陆生动物成为化石的可能性就小多了。当然，任何在陆地上死亡的动物的软组织和肌肉都很可能被吃掉并进入再循环；然而，要使这样的动物成为化石，它们必须经过某种形式的埋藏。在很少见的情况下，动物可能被迅速埋在流动的沙丘、泥流或火山灰之下，也有一些因其他灾难性事件而被埋藏起来。然而，在大多数情况下，陆生动物的遗体必须被冲进附近的小溪或河流，最终进入湖泊或海底，之后才能开始缓慢埋藏的过程，并逐渐变成化

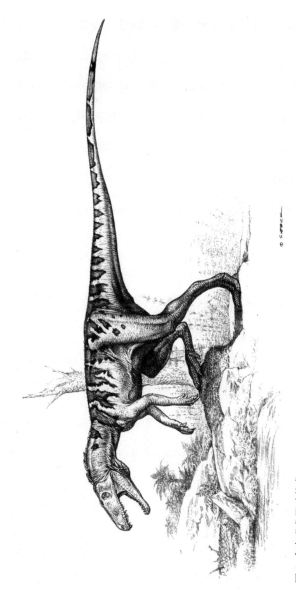

图 5 食肉恐龙黑瑞拉龙

石。从简单的概率角度来说，任何陆生动物的石化过程都更为漫长，而且往往伴随着更大的风险。许多在陆地上死亡的动物被吃掉了，它们的遗骨彻底分散开来，这样即便是它们身体的坚硬部分也进入了生物圈的再循环；另一些动物由于骨骼散落，只有一些破裂的碎片真正走完了最终埋藏的道路，从而给后人留下该动物的惊鸿一瞥，令人无奈；只有在非常罕见的情况下，动物的大部分，甚至是整个骨架才被完整地保存下来。

因此，从逻辑推理的角度来说，恐龙的骨架（如同其他任何陆生动物的骨架那样）应该是极为罕见的，实际情况也正是如此，尽管有时媒体给人们留下了不同的印象。

恐龙的发现以及它们在化石记录中的面貌也无疑是不完整的，其中的原因显而易见。正如我们通过上文所认识到的那样，化石的保存是一个充满运气而无法计划的过程。岩石的露头[1]并非像书的页码一样排列整齐，能够按照层序或按照我们的想象来取样。从这个意义上来说，化石的发现同样具有偶然性。

相对脆弱的地球表层（用地质学术语来说，就是地

---

1　露头：露出地面的岩层部分。

壳）曾经在千万年或上亿年里被巨大的地质力量在分离或
碰撞大陆板块时弯曲、撕裂、挤压。结果，含化石的地质
层被打碎、抛升，并且常常被贯穿于整个地质时期的侵蚀
过程完全毁灭，以后又被重新沉积，进一步造成了混乱。
作为古生物学家，我们所面对的是一个极其复杂的"战
场"，坑坑洼洼、伤痕累累，遭受过各种方式的破坏，令
人摸不着头绪。解开这团"乱麻"一直是无数代野外地质
学家的工作。他们研究这里的一个露头、那里的一个悬崖
剖面，慢慢拼合成大陆的地质结构。因此，现在我们才有
可能在世界上的任何一个国家大致准确地识别出中生代的
岩石（属于三叠纪、侏罗纪和白垩纪时期）。但是，对于
寻找恐龙来说，这些帮助是不够的。我们还必须撇开在海
底沉积的中生代岩石，例如白垩纪极厚的白垩沉积层以及
侏罗纪丰富的石灰岩。在那些较浅的滨岸或河口环境沉积
着寻找恐龙的最佳岩石类型；这里有可能埋藏着冲刷到
海里的陆生动物零星的肿胀尸体。但其中最好的是河流
和湖泊沉积，这里的自然环境距离陆生动物的源头要近
得多。

## 寻找恐龙

首先，我们需要系统地探讨寻找恐龙的过程。根据目前我们所了解的，首先需要通过查阅我们感兴趣的国家的地质图来确定在哪里能找到年龄合适的岩石。同样重要的是要保证这些岩石的类型至少是有可能保存陆生动物遗迹的；因此，为了预测发现恐龙化石的可能性，尤其是在第一次访问一个地区的时候，我们需要掌握一些地质学知识。

通常，这包括熟悉将要调查的地区的岩石及其外貌；这与猎人需要潜心研究猎物生活的地域极为相似。另外，还需培养发现化石的"眼力"，这完全来自于寻找且最终认出化石碎片的过程，而这需要花费时间。

发现会带来令人激动的狂喜，但这时也是最需要发现者谨慎小心的时候。从科学角度来说，因为骄傲的发现者急于将标本挖出来进行炫耀，化石发现常因过于仓促的挖掘而遭到毁坏。这种缺乏耐心的行为可能给化石本身造成巨大的破坏。更为糟糕的是，该标本可能是更大骨架的一部分，这样的标本由训练有素的古生物学家组成的更大团队来仔细发掘要有收获得多。而且，就像侦探可能会指出的，埋藏化石的岩石除了包含有关标本的实际地质年代这样较明显的信息外，还有可能讲述有关动物死亡和埋藏环境的重要故事。

化石的寻找和发现既可以是一种激动人心的个人奇遇，同时也是一个技术上令人着迷的过程。然而，发现化石仅仅是科学研究过程的开始，这项研究可能达到了解化石动物的生物学特征和生活方式，以及它曾经生活的世界的目的。就后一个方面来说，古生物科学表现出与法医病理学家工作的某些相似之处：它们显然都对了解尸体发现处的周围环境有着强烈兴趣，并且严格说来，就是要翻遍每一块石头，千方百计地用科学知识来解释并理解尽可能多的线索。

## 恐龙的发现：禽龙

一旦发现了化石，就需要对其进行科学研究以揭示它的身份、它与其他已知生物的关系，以及有关它的外形、生物学和生态学等方面更详细的信息。为了展示所有这些古生物学研究项目必然经历的艰难困苦，我们将分析一种大家非常熟悉而且研究比较透彻的恐龙：禽龙。选择这种恐龙，是因为它有趣而又有合适的故事可讲——这个故事是我所熟悉的，因为它意外地成为我作为古生物学家的事业起点。意外发现珍奇事物的才能似乎在古生物学中起着重要的作用，并且对于我自己的工作来说，这是千真万确的。

禽龙的故事贯穿了几乎整个有关恐龙科学研究的历史，也贯穿了如今被称为古生物学的这门科学的整个历史。因此，这种动物无意中阐明了过去 200 年间有关恐龙（和古生物学其他领域）科学研究的进展。这个故事还展现了科学家具有的激情和付出的艰辛，以及在学科历史上不同阶段被推崇的理论广泛而深入的影响。

后来被命名为禽龙的骨骼化石的第一个**真正**记录可以追溯到 1809 年。这些化石包括采自萨塞克斯的库克菲尔德一个采石场的无法确定的脊椎碎块和一个巨大的、很有特点的胫骨（小腿骨）下端（图 6）。这块特别的化石是由威廉·史密斯（William Smith，他常被称为"英国地质学之父"）采集的。史密斯当时正在研制第一张不列颠地质图，并于 1815 年完成了这项工作。尽管这些骨骼化石显然是因为很有意义而被采集和保存起来（它们至今仍被保存在伦敦自然历史博物馆中），但人们没有对其进行进一步的研究。直到 20 世纪 70 年代后期我受邀确定它们的身份时为止，这些骨骼一直被冷落在一旁。

然而，1809 年对于这样的发现来讲可以说是恰逢其时。在欧洲，涉及化石及其意义的科学分支取得了一些成果。那个年代最伟大、最有影响力的科学家之一，乔治·居维叶（Georges Cuvier，1769—1832），是一位在巴黎工作的"博物学家"，同时也是拿破仑皇帝政府中的一位行政官员。在那个时代，"博物学家"是一个宽泛的范畴，指那些研究领域广泛的哲人科学家，这些领域都与自然界有关：地球、地球上的岩石和矿物、化石以及所有的生物有机体。1808 年，居维叶重新描述了采自荷兰马斯特里赫特一个白垩矿场的著名巨型爬行动物化石；它之所以著名是因为，它曾经在 1795 年拿破仑军队包围马斯特里赫特期间被要求作为战利品。这个动物最初被误认为鳄鱼，居维叶正确地将其鉴定为巨大的海生蜥蜴（后来被英国传教士和博物学家威廉·D. 科尼比尔 [William D.

图 6 第一件被收集的禽龙骨骼，由威廉·史密斯 1809 年在萨塞克斯的库克
菲尔德采集。

Conybeare] 牧师命名为沧龙）。这一新发现揭示了在地球历史的更早时期生存过一种异常巨大的蜥蜴，影响极为深远。它鼓舞着人们去寻找和发现其他已绝灭的巨大"蜥蜴"，毫无疑问地证明了先于《圣经》纪事的"更早的世界"的存在，并且还确定了观察和解释这些化石动物的特定方法：将其看作巨型蜥蜴。

在拿破仑战败、英法两国恢复和平以后，居维叶终于得以在1817—1818年访问英格兰，并与有着相同兴趣的科学家会面。在牛津，有人向他展示了地质学家威廉·巴克兰（William Buckland）收藏的一些巨大的化石骨骼；这些骨骼似乎属于一种巨大的、但生活在陆地上的、像蜥蜴一样的动物，它们使居维叶想起了在诺曼底发现的类似骨骼。威廉·巴克兰最终在1824年将这种动物命名为巨齿龙（科尼比尔提供了少许帮助）。

然而，从这个故事的角度来说，真正重要的发现直到大约1821—1822年才出现，地点是在库克菲尔德怀特曼绿地附近、威廉·史密斯13年前考察过的那个采石场。这一次，一位居住在刘易斯镇、精力充沛而又雄心勃勃的医生——吉迪恩·阿尔杰农·曼特尔（Gideon Algernon

图 7 曼特尔夫妇发现的最初的禽龙牙齿之一

Mantell，1790—1852），正在用自己的全部业余时间致力于完成一份有关他的出生地英格兰南部威尔德地区（这个区域包括萨里郡的大部分、萨塞克斯郡，以及肯特郡的部分地区）地质构造和化石的详细报告。他的工作最终汇集为一本插图精美、令人难忘的巨著，于1822年出版。书中包括了对几个他不能确证的罕见大型爬行动物牙齿和肋骨的清楚描述。这些牙齿中有一些是曼特尔从采石工那里买来的，而其他的则是他的妻子玛丽·安（Mary Ann）收集的。在随后的三年里，曼特尔为了鉴定这些巨大的化石牙齿可能隶属的动物类型而花费了极大的精力。尽管没有受过比较解剖学（这是居维叶的专攻）训练，但他怀着了解自己手中化石的亲缘关系的愿望，陆续与英格兰的许多博学之士建立了联系；为了鉴定，他还将一些珍贵的标本送到巴黎的居维叶那里。最初，曼特尔的发现被当作是全新世动物的碎片（或许是犀牛的门齿或是咀嚼珊瑚的大型硬骨鱼类的牙齿）而得不到承认，甚至居维叶也这样认为。百折不挠的曼特尔继续研究他的问题，并终于找到了一个合适的答案。在伦敦皇家外科医学院的藏品中，他见到了一副鬣蜥（iguana）的骨架。鬣蜥是不久前在南美洲发现的植食性蜥蜴。它的牙齿在基本形态上与曼特尔的化石很相似，这使他认识到那些化石属于现生鬣蜥的一个巨大且已经灭绝的植食性近亲。1825年，曼特尔就这个新的发现发表了一篇报告，并且为这种化石动物选择了禽龙（*Iguanodon*）的名字，这或许并不令人惊讶。按照其字面意义，这个名字的意思是"鬣蜥牙齿"，这也是在科尼比尔的建议下确立的（显然，科尼比尔所受的古典教育和才能使他在命名许多这样的早期发现时显露出了天赋）。

毫不奇怪，根据当时可以利用的比较，这些早期发现证实了一个栖息着罕见的巨大蜥蜴的远古世界的存在。例如，利用现生（1米长）鬣蜥的细小牙齿与曼特尔的禽龙牙齿进行一个简单比例缩放得到了超过25米的体长。由描述禽龙所带来的兴奋和个人名望驱使曼特尔更加努力地去探索有关这种动物以及远古时期威尔德的化石栖居动物的更多信息。

1825年之后的几年里，威尔德只出土了一些化石的碎块；随后在1834年，人们在肯特郡梅德斯通的一个采石场发现了一具关节分离的不完整骨架（图8）。最后有人为曼特尔买下了这件化石，并命名为"曼特尔标本"。

它成为曼特尔后期许多工作的灵感来源，并促成了某些最早的恐龙形象的诞生（图 9）。在后来的若干年里，他继续钻研禽龙的解剖学和生物学，但可叹的是，他的许多工作因一个才华横溢、出身名门、野心勃勃、不讲情面的强硬对手——理查德·欧文（1804—1892）（见图 1）的崛起而黯然失色。

## 恐龙的"发明"

理查德·欧文比曼特尔年轻 14 岁，也学医，但特别专注于解剖学。他赢得了著名解剖学家的声誉，并在伦敦皇家外科医学院获得了一个职位，这使得他能够接触到大量的对比材料。由于他异乎寻常的勤奋和才能，欧文获得了"英国的居维叶"的声誉。在 19 世纪 30 年代后期，他说服英国（医学）协会资助他重新详细研究所有当时已知的英国爬行动物化石。最终的成果是一系列配有精美插图的大开本图书的出版，这些著作可以与居维叶在 19 世纪早些时候发表的极为重要的著作（尤其是多卷本的《关于化石骨骸的研究》）相媲美，也进一步巩固了欧文的学术声誉。

**图 8** 1834 年发现于肯特郡梅德斯通的不完整骨架"曼特尔标本"的照片和
素描图

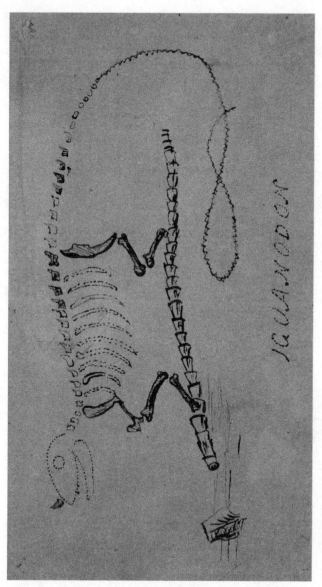

图 9 曼特尔的禽龙复原素描图（约 1834 年）

这个计划成就了两本重要的出版物：一本出版于
1840 年，主要是关于海相化石的（科尼比尔的海龙类）；
另一本在 1842 年出版，是关于包括曼特尔的禽龙在内的
其他化石的。1842 年的报告是一份不寻常的文献，因为
欧文创造性地提出了新的"族或亚目……我将其……命名
为……恐龙类"。在这份报告中，欧文确定了三种恐龙：
禽龙和丛林龙——两者皆发现于威尔德地区并由曼特尔命
名，以及巨齿龙——藏于牛津的巨型爬行动物。基于几个
详细而又明显不同的解剖学观察结果，他认识到恐龙属于
一个独特且迄今尚未被确立的类群。这些观察结果包括增
大的荐椎（臀部与脊柱之间的一个非常强壮的连接构造）、
胸部的双头肋骨以及柱状结构的腿（见图 10）。

**图 10** 欧文的巨齿龙复原图（约 1854 年）

在逐一研究了每种恐龙之后，欧文大幅缩减了它们的尺寸；他认为它们很大，但其身长在 9—12 米之间，而不是像居维叶、曼特尔和巴克兰在早些时候所认为的更夸张的长度。此外，欧文对这些动物的解剖和生物学进行了进一步的推测，这些推测与现今科学界盛行的对恐龙生物学和生活方式的解释有着惊人的相似之处。

在报告的结语中，他这样评论恐龙：

在我们这个地球曾经见证过的卵生 [ 产卵的 ] 冷血动物中，它们拥有最庞大的体型，不论是作为肉食者还是植食者，必定都扮演了最引人注目的角色。

（欧文 1842：200）

还有：

具有与鳄类相同胸部结构的恐龙可以推断为拥有四腔心脏……几乎接近于现今温血哺乳动物的心脏特征。

（同上：204）

因此，欧文的观点是，恐龙是一类非常粗壮、但产卵且有鳞的动物（因为它们仍为爬行类），类似于现今地球上热带地区生存的最大的哺乳动物。实际上，他所构想的恐龙是那个时代地球上最壮观的景象，在那个时代，产卵、皮肤有鳞片的爬行动物统治着一切。欧文的恐龙在远古世界的地位相当于现今的大象、犀牛和河马的地位。纯粹从科学推测的逻辑上讲，建立在如此稀少的化石上的这个推断不仅仅是极其敏锐的，而且其关于远古动物的见解完全是革命性的。当与"巨型蜥蜴"的模型并置比较的时候，欧文这个激动人心的构想显得更为引人注目，虽然前者是建立在已获确认并受人尊重的居维叶比较解剖学原理之上的、完全合理且符合逻辑的解释。

恐龙超目的建立在当时还有其他重要的意义。这些报告也对19世纪前半叶生物学和地质学领域中普遍存在的进化论者和生物演变论者的论调进行了彻底的批驳。进化论者指出，化石记录似乎表明生命逐渐变得更加复杂：最早的岩石展示了最简单的生命形式，而更新的岩石则展示了更复杂生物的证据。生物演变论者注意到，同一个种的成员并不完全相同，并思考这种变异性是否也可能使得物种随着时间而改变。居维叶在巴黎的同事让·巴普蒂斯特·德·拉马克（Jean Baptiste de Lamarck）指出，随着时间的推移，动物物种可以通过获得性特征的遗传而改变形态。这些观点挑战了受到广泛支持并为《圣经》所支持的信仰——上帝创造了地球上的所有生命，从而引起了广泛而激烈的辩论。

恐龙（实际上还有虔诚信奉上帝的欧文在报告中认可的其他几个生物类群）证明了地球上生命的复杂性并不随时间的推移而增加——事实上正好相反。恐龙在解剖学上属于爬行动物（换句话说就是产卵、冷血且有鳞的脊椎动物类群的成员）；然而，与欧文提出的曾经生活在中生代的健壮恐龙相比，生活在今天的爬行类是一个退化的动物类群。简言之，欧文曾试图扼杀当时激进的、以科学作为驱动力的唯理智论，以重建对生物多样性的认识。这种认识的基础与威廉·佩利牧师（Reverend William Paley）在其著作《自然神学》中所表述的观点更接近，在这本书中，上帝作为自然界所有动物的缔造者和设计师占据了中心舞台。

19 世纪 40 和 50 年代，欧文的名望稳步上升，并且参与了与 1854 年大博览会移址计划有关的委员会。相对于欧文迅速上升的声望来说，一个奇怪的事实是，他并不是作为恐龙造型科学指导的第一人选——吉迪恩·曼特尔才是。曼特尔以身体一直不好为理由拒绝了，这也是因为他对与科学普及工作相关的风险，特别是对并不完善的观点可能造成曲解的风险过于谨慎之故。

曼特尔的故事以悲剧结束：他对化石和建立私人博物馆的着魔使他丧失了其医生职业，家庭也破裂了（他的妻子离开了他，他幸存的孩子们长到能够离家的年纪就移居国外了）。他保存了大半生的日记里满是忧伤的文字；在生命的最后几年里，他孤独无依，深受背痛痼疾的折磨，最终他因服用了过量的鸦片酊而逝世。

尽管被野心勃勃、才华横溢，并且关键是全职的科学家欧文的光环所掩盖，曼特尔在生命的最后十年里，大部分时间仍在继续研究"他的"禽龙。他出版了一系列的科学论文和深受欢迎的著作，总结了他的许多新发现。此外，他最早认识到（1851 年）欧文将恐龙（或者说至少是禽龙）想象成强壮的"像大象一样的爬行动物"很可能是错误的。带牙齿的下颌骨的进一步发现，以及对部分骨架（"曼特尔标本"）的进一步分析显示，禽龙具有强壮的后腿和较弱小的前肢。因此，他得出结论，它的姿态可能更类似于"直立"的巨型地懒（似乎很矛盾的是，曼特尔的灵感来自于欧文对地懒化石磨齿兽属的详细描述）。遗憾的是，这一工作被忽略了，很大程度上是由于欧文的水晶宫恐龙模型引起了人们的兴趣和关注。又过了30年，曼特尔怀疑的真实性以及他的智慧才通过另一件偶然发现的惊人标本显露出来。

## 复原禽龙

1878年，比利时贝尼萨尔一个小村庄中的煤矿有了惊人的发现。矿工们在地下300多米深的煤层中挖掘时，突然打到了一层页岩（软的薄层状黏土），随后发现了看起来像是大块木化石的东西；人们迫不及待地采集这些东西，因为里面似乎满是金子！经过更仔细的检查，发现那些木头原来是骨化石，而金子则是"愚人金"（黄铁矿）。在骨化石中还发现了少许牙齿化石，经鉴定，它们与曼特尔在多年前描述的属于禽龙的牙齿非常相似。矿工们并没有意外发现金子，而是发现了一个名副其实的宝藏——完整的恐龙骨架。

在接下来的 5 年里，一队来自布鲁塞尔比利时皇家自然历史博物馆（现在的皇家自然科学研究所）的矿工和科学家发掘出将近 40 具禽龙的骨架，以及保存在同一页岩层的大量其他动植物化石。许多恐龙的骨架是完整的，而且完全以关节相连；它们代表了当时世界上最激动人心的发现。布鲁塞尔的一位年轻科学家路易斯·道罗（Louis

**图 11** 路易斯·道罗（1857—1931）

Dollo，1857—1931）因此交了好运，他得以研究并描述
这些非凡的宝藏。从 1882 年开始，直到 20 世纪 20 年代
退休，他一直从事这项工作。

　　在贝尼萨尔发现的完整恐龙骨架最终证明了欧文的
恐龙模型，例如他的禽龙模型，是不正确的。正如曼特尔
所怀疑的那样，它的前肢不如后肢那样大而强壮，而且
该动物有一条巨大的尾巴（见图 12），总的比例与大袋鼠
相似。

图 12 禽龙骨架的素描图

骨架的复原以及复原的过程特别具有启迪性，因为它们显示了当时关于恐龙外貌和亲缘关系的解释是如何影响了道罗的工作。欧文对恐龙"像大象一样的爬行动物"的想象早在 1859 年就因发现于新泽西州的一些不完整的恐龙而受到了质疑，这些恐龙化石是由约瑟夫·利迪（Joseph Leidy）进行研究的。利迪的学术地位与欧文相当，他的研究基地是费城自然科学院。然而，欧文还将受到一位来自伦敦、更加年轻且雄心勃勃的竞争者的全面批评，他就是托马斯·亨利·赫胥黎（Thomas Henry Huxley，1825—1895）。

到了 19 世纪 60 年代晚期，人们有了一系列新的发现，从而为恐龙与其他动物亲缘关系的争论增添了大量新的证据。最早的保存完好的鸟类化石（叫做始祖鸟，意为"远古的翅膀"）发现于德国（图 13）。它最终被伦敦自然历史博物馆从私人收藏家手里买下，理查德·欧文于 1863 年对其进行了描述。这件标本的奇特之处在于，它具有保存完好的羽毛印痕，这是所有鸟类最重要的鉴定特征，这些羽毛在基岩中像光环一样围绕着骨架；然而，令人相当费解的是，它有着不同于任何现生鸟类、却与现代

**图** 13 一件保存完好的始祖鸟标本，发现于 1876 年（长约 40 厘米）

爬行动物相似的特点，即它的每只手上有 3 根很长的手指，末端有锋利的爪子，上下颌长有牙齿，还有一条很长的骨质尾巴（某些现生鸟类或许看起来长有长尾，但这其实只是它们附着在很短的尾巴残迹上的长羽毛的外形轮廓）。

　　发现始祖鸟之后不久，在德国的同一个采石场中又出土了另一件小的、保存完好的骨架（图14）。它没有羽毛

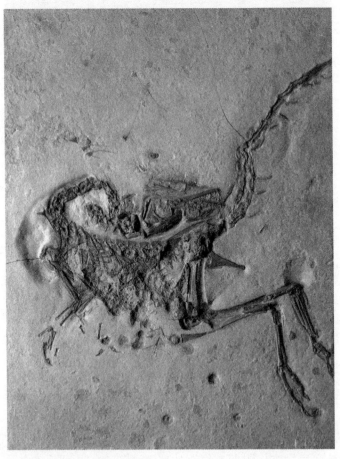

**图14 美颌龙骨架（长约70厘米）**

印痕，前肢非常短，无论如何都无法作为翅膀使用；从解剖学上看，它显然是一只小型的食肉恐龙，被命名为美颌龙（"漂亮的颌骨"）。

从科学的角度来说，这两个发现出现在一个特别敏感的时期。1859年，仅仅在发现第一件始祖鸟骨架之前大约一年，查尔斯·达尔文（Charles Darwin）发表了题为《物种起源》的著作。这本书非常详细地论述了支持早先的生物演变论者和进化论者观点的证据。最重要的是，达尔文提出了一个这种演变有可能发生的机制——自然选择，以及新的物种如何在地球上出现。这本书在当时引起了轰动，因为它向几乎被普遍接受的《圣经》教义的权威发起了直接挑战，提出上帝并没有直接创造世界上已知的所有物种。达尔文的观点遭到了诸如理查德·欧文等虔诚的权威人士的强烈反对。相反，激进的知识分子对达尔文观点的反应则非常积极。据称托马斯·赫胥黎在读了达尔文的著作以后叹道，"我以前怎么没有想到这些，真是愚蠢啊！"

尽管本书不想过多地牵涉达尔文的问题，但有关恐龙的发现确实在一些争论中起到了重要的作用。赫胥黎很快就认识到，始祖鸟和小型食肉恐龙美颌龙在解剖学上非常相似。在 19 世纪 70 年代早期，赫胥黎不仅提出鸟类和恐龙在解剖学上相似，而且利用这一证据得出了鸟类是从恐龙进化而来的理论。从许多方面来说，这为在比利时的发现铺平了道路。到了 19 世纪 70 年代晚期，路易斯·道罗作为一个才华横溢的年轻学生，应该已经完全意识到了欧文－赫胥黎／达尔文之争。一个亟待解决的问题必定是：这些新的发现与当时的科学大争论有什么关系吗？

对禽龙完整骨架进行的详细解剖学研究显示，它具有被称为鸟臀目（"像鸟的臀部一样"）的髋部结构；此外，它后腿较长，末端长有巨大的、但明显像鸟类一样的三趾脚（在形态上与一些已知最大的陆生鸟类诸如鸸鹋等的脚非常相似）。这种恐龙还有着与鸟类极为相似的弯曲颈部，上下颌的前端没有牙齿，而且还覆盖着像鸟类一样的角质喙。鉴于在这些激动人心的发现之后道罗所面对的描述和解释的任务，值得注意的一点是，在布鲁塞尔第一具骨架被复原时所拍摄的早期照片中，就在巨大的恐龙骨架旁边，可以看到两种澳大利亚动物的骨架：一种是小袋鼠（袋鼠中体型较小的一个种类），还有一种是叫做鹤鸵的不会飞的大型鸟类。

在英国刮起的争论风暴的影响是毋庸置疑的。这一新发现显示，赫胥黎的论点无疑是符合实际情况的，而且还清楚地表明，曼特尔在 1851 年的想法是正确的。禽龙并不像 1854 年欧文在他的宏伟模型中所描绘的那样，类似于笨重的、长有鳞片的犀牛；它身型巨大，其姿态更像一只正在休息的袋鼠，只不过它还具有许多类似鸟类的特征，正如赫胥黎的理论所预言的那样。

道罗证明了他在研究自己所描述的化石动物时具有永不衰竭的创造力——他解剖了鳄鱼和鸟类，以便更好地了解这些动物的生物学特征和详细的肌肉组织，以及如何利用它们来确定恐龙的软组织。在许多方面，他是在采用法医式的方法来了解这些神秘的化石。道罗被认为是古生物学（Palaeontology）一个新流派（Palaeobiology）[1]的创立者。道罗认为，古生物学应该扩大范围，从生物学——即生态学和行为学——的角度研究这些已绝灭动物。他对禽

---

[1] 原文的两个词 Palaeontology 和 Palaeobiology 在全国科学技术名词审定委员会公布的《古生物学名词》中都被译为"古生物学"。具体说来，后者是前者的一个新流派，侧重于研究化石生物的生物学特征。为符合国内业界的惯例译法，本文未对这两个词进行区分。

**图 15** 1878 年布鲁塞尔自然历史博物馆中正在被复原的禽龙。注意旁边用
作比较的鹤鸵和小袋鼠的骨架。

龙故事的最后贡献是一篇发表于 1923 年、纪念曼特尔最初发现 100 周年的文章。他简要总结了自己对这种恐龙的看法，认为它的生态与长颈鹿相当（或者说，确实是曼特尔所说的大地懒）。道罗推断，它的姿态使它能够伸到高处的树上以采集树叶，然后用肌肉发达的长舌头将食物卷入口中；锋利的喙用来咬下坚韧的叶柄，而其特有的牙齿则使它能够在咽下之前嚼碎食物。这一权威解释得到了非常坚决的采纳，由于它基于一系列完全以关节相连的完整骨架，因而在随后的 60 年中，无论从哪个方面来说，它始终都没有受到挑战。在 20 世纪早期，复制并安装好的禽龙骨架从布鲁塞尔散布到世界各地的许多大博物馆，从而增强了道罗解释的权威性，有关该学科的许多流行的和颇有影响的教科书也进一步巩固了这一点。

## 恐龙古生物学研究的衰落

似乎矛盾的是，道罗在恐龙研究中堪称巅峰的卓越工作，以及他在 20 世纪 20 年代作为新的古生物学流派之"父"得到国际公认的声望，却标志着这一研究领域的实用意义开始在更大的自然科学舞台上急剧衰减。

在 20 世纪 20 年代中期到 20 世纪 60 年代中期这段时间里，古生物学，尤其是恐龙的研究，出人意料地停滞了下来。继那些令人激动的早期发现，尤其是在欧洲的那些发现之后，是更加引人注目的"骨化石战争"，它在 19 世纪的最后 30 年里席卷美国。这集中体现在激烈的——有时甚至是狂暴的——发现和命名新恐龙的竞争上，其特点相当于学术界的"蛮荒西部"。这场竞争的核心人物是爱德华·德林克·科普（Edward Drinker Cope，他是儒雅谦逊的利迪教授的门徒）和他的"对手"、耶鲁大学的奥思尼尔·查尔斯·马什（Othniel Charles Marsh）。他们雇用成群的暴徒冒险进入美国中西部地区，尽可能多地采集新的恐龙骨骼。这场"战争"的结果是科学出版物的疯狂发表，这些文章命名了大量新的恐龙，其中有许多名字在今天仍能引起反响，例如雷龙、剑龙、三角龙和梁龙。

在 20 世纪早期，欧美之外的一些地方也有引人注目的发现，部分原因也是出于偶然，例如纽约的美国自然历史博物馆的罗伊·查普曼·安德鲁斯（Roy Chapman Andrews，现实生活中的英雄和探险家，是神话般的"印第安纳·琼斯"的原型）在蒙古的发现；以及柏林自然历史博物馆的沃纳·詹尼斯（Werner Janensch）在德属东非（坦桑尼亚）的发现。

更多新的恐龙不断在世界各地被发现并命名；尽管它们成为了博物馆引人注目的中心展品，但古生物学家们除了在已绝灭动物的花名册上增添新的名字以外，似乎什么都没做。失败感达到了空前的程度，以至于一些人甚至用恐龙作为基于"种族衰退"的绝灭理论的例子。总的论点是，它们已经活得太久了，因而它们的基因组成完全衰竭，不再有能力产生该类群作为一个整体生存所必需的新特质。它支持了这样一种观点：恐龙仅仅是动物构造和进化过程中的一次试验，并最终与地球擦肩而过。

毫不奇怪，许多生物学家和理论家开始越来越带有偏见地看待这个研究领域。新的发现尽管令人兴奋，这一点无可否认，但似乎没能提供可以导向任何特定方向的资料。这些发现需要借助既定的科学程序来对这些动物进行描述和命名，但除此之外，其他所有的兴趣似乎基本上都集中于博物馆学：说得残酷一点，当时这项工作被看成相当于"集邮"。恐龙，以及许多其他化石的发现，为人们提供了化石记录中丰富多彩的生命画卷的一瞥，但除此以外，它们的科学价值似乎令人怀疑。

几个因素证明了这种观念转变的合理性：格雷戈尔·孟德尔（Gregor Mendel）有关颗粒遗传规律（遗传学）的著作（发表于 1866 年，但在 1900 年以前一直被忽视）为达尔文自然选择的进化理论提供了至关重要的支持机制。在 20 世纪 30 年代，孟德尔的成果与达尔文的理论完美地结合在一起，产生了"新达尔文主义"。孟德尔的遗传学一下就解决了达尔文对自己理论最主要的困扰之一：有利的特征（即孟德尔新术语中的遗传基因或等位基因）如何能够一代代地传递下去。在 19 世纪中叶，人们对遗传机制不甚了解，达尔文曾假定，特征或性状——根据他的理论，就是受到选择的特征——在遗传给下一代的时候被混合了。然而，这是一个致命的缺陷，因为达尔文意识到，任何有利的性状如果在一代代繁殖的过程中被混合，就自然会被稀释而不复存在。新达尔文主义极大地澄清了事情的真相，孟德尔的遗传学使该理论具备了某种数学上的严谨，而且这一恢复活力的学科迅速催生了新的研究方法。它导致了新的遗传科学和分子生物学的兴起，而 1953 年克里克

（Crick）和沃森（Watson）的 DNA 模型，以及行为进化和进化生态学领域的极大发展更是使其达到了顶峰。

遗憾的是，这片丰饶的知识沃土并没有为古生物学家带来明显的益处。人们无法研究化石动物的遗传机制，这是不言而喻的，因此，在 20 世纪余下的大部分时间里，它们似乎没有给进化研究的学术突破提供实质性的证据。达尔文已经预见到古生物学在他的新理论范畴中的局限性。他运用自己无与伦比的推理认识到，对于有关他的新进化理论的任何争论来说，化石的贡献都是有限的。在《物种起源》专门论述"化石记录的不完整性"这一主题的章节中，达尔文指出，尽管化石提供了地球上生物历史进程中进化的实物证据（回到以前进化论者的论点），但可惜的是，岩石在地质时期的连续性以及其中所包含的化石记录都是不完整的。达尔文将地质记录比作一本描绘地球生命历史的书籍，他写道：

……在这一卷中，只有这里或那里的一个很短的章节被保存下来；在每一页上，也只有这里或那里的少许几行。

（达尔文，1882，第 6 版：318）

## 恐龙古生物学新流派：一个新的开始

直到 20 世纪 60 年代和 70 年代早期，化石的研究才开始复兴，成为引起人们更广泛和更普遍兴趣的学科。推动这一复兴的是一代富有进化思想的更年轻的科学家。他们渴望证明，来自化石记录的证据绝非达尔文所说的是"看不懂的天书"。支持这项新工作的前提是，进化生物学家显然被限制在以二维世界为主的范围内与现生动物打交道——他们可以研究物种，但不能亲眼目睹新种的出现——相反，古生物学家的工作是在包含时间的三维空间里。化石记录提供了可使新物种出现、老物种绝灭的足够时间。这使得古生物学家可以提出与进化相关的问题：地质年代表是否提供了更多的（或者说不同的）有关进化过程的观点？此外，化石记录是否提供了足够的信息，对它的分解能否揭示某些进化的秘密？

详细的地质调查开始展现丰富而连续的化石记录（特别是贝壳类海洋动物）——比查尔斯·达尔文曾经想象的要丰富得多，因为在他所处的 19 世纪中叶，古生物学研究工作还处在相对初期的阶段。这项工作产生的观察结果和理论，向生物学家有关地质年代中长期的生物进化模式的观点提出了挑战。达尔文的理论所无法预见的、突然的、大规模全球性绝灭事件和动物群复苏时期被记录下来。这些事件似乎顷刻间重新调整了生物进化的时间表，这也促使一些理论家对地球上的生命历史采取更倾向于"片断式"或"偶然"的观点。历史上全球动物群多样性的大规模变化，或者说宏观进化，似乎是可以证明的；这在达尔文的理论中也没有预见到，也需要进行解释。

然而，最值得注意的是，奈尔斯·埃尔德雷奇（Niles Eldredge）和斯蒂芬·杰伊·古尔德提出了"间断平衡"理论。他们指出，进化理论的现代生物学解释需要扩展或修改，以适应在化石记录中反复出现的物种变化模式。这些模式由长期的平静（"平衡期"）和与其相对的短时间里的快速变化（"间断"）所组成。在平衡期，可观察到的物种变化幅度相对较小。这些看法与达尔文的预测并不一致，后者认为随着时间的推移，物种的面貌发生缓慢而逐渐的变化（被称为"渐进演化论"）。这些观点还促使古生物学家对自然选择在何种水平上可能发挥作用提出质疑：或许某些情况下它能够在个体水平之上起作用？

结果是，整个古生物学领域变得更有活力、更引人探寻，而且视野更开阔；人们还准备将这个领域的工作与其他科学领域更广泛地结合在一起。甚至非常有影响的进化生物学家，例如几乎从不和化石打交道的约翰·梅纳德·史密斯（John Maynard Smith），也承认古生物学家对该领域作出了有价值的贡献。

在古生物科学这个综合领域重新建立自己威信的同时，20世纪60年代中期也是产生重要的恐龙新发现的时期；这些事件注定激发出直到今天仍然重要的观点。这场复兴运动的核心是耶鲁大学的皮博迪博物馆，这也是"化石战士"奥思尼尔·查尔斯·马什最初工作的地方。但此时的复兴运动是一个叫做约翰·奥斯特罗姆（John Ostrom）的人引领的，他是一位年轻的古生物学教授，对恐龙怀有浓厚的兴趣。

第二章

# 恐龙复兴

## "恐怖的爪子"的发现

1964 年夏天，约翰·奥斯特罗姆正在蒙大拿州布里杰附近的白垩纪岩石中勘探化石时，采集到一种与众不同的新型食肉恐龙的破碎遗骸。进一步的工作采集到了更加完整的化石。到了 1969 年，奥斯特罗姆已经可以详细地描述这一新恐龙，并将其命名为恐爪龙（"恐怖的爪子"），这是因为它的后腿上长有像大鱼叉一样可怕的钩状爪子。

恐爪龙（图 16）是一类中等大小（2—3 米长）的食肉恐龙，属于被称为兽脚亚目的类群。奥斯特罗姆注意到若干异乎寻常的解剖学特征；这从知识上为一场革命奠定了基础，这场革命将打破当时受到坚定支持的观点，即恐龙是古老、过时的动物，在中生代结束的时候拖着缓慢而沉重的脚步走向绝灭。

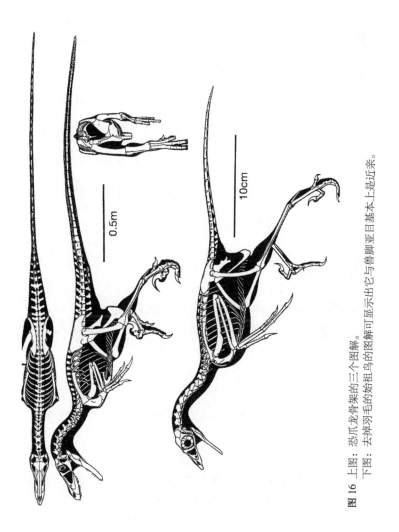

图 16 上图：恐爪龙骨架的三个图解。
下图：去掉羽毛的始祖鸟的图解可显示出它与兽脚亚目基本上是近亲。

　　然而，奥斯特罗姆对了解这种谜一般的动物的生物学
特征更感兴趣，而不仅仅是罗列它的骨骼特征。这种研究

途径大异于以前人们对古生物学"集邮"的轻蔑形容，而与路易斯·道罗试图了解第一具完整禽龙骨架（第一章）的生物学特征的早期方法相呼应。作为一种研究途径，它与现代的法医病理学有着更多的相同之处，因为它是在可获得的证据的基础上，将来自若干不同科学领域的、范围广阔的研究结果汇集在一起，以便得出缜密的解释或假说；这是当今古生物学背后的几个驱动力之一。

### 恐爪龙的特征

i) 该动物明显是双足行走的（仅用两条后腿奔跑），具有细长的腿。

ii) 它双脚的奇特之处在于，在每只脚上的三个大脚趾中，只有两个脚趾的结构适于行走，内侧的脚趾抬离地面并"翘起"，好像在准备战斗（有点像猫脚上可伸缩的锋利爪子的放大版本）。

iii) 该动物身体的前部由臀部的一条长尾巴保持平衡；但它的尾巴并不像人们通常所认为这类动物应该具有的那种厚重而肌肉发达的类型，而是在靠近臀部的地方灵活而有力，其余部分则变得很窄（几乎呈杆状），紧密排列的细骨棒使其变得僵硬。

iv) 胸部短而紧凑，长有很长的前臂，其末端是带锋利爪子（如猛禽类）的长有三指的手，能在腕关节处转动，使得手臂能够像耙子一样呈弧形旋转（就像正在捕食的螳螂的手臂一样）。

v) 颈部细长、弯曲（很像鹅的脖子），但它支撑着一个很大的脑袋，上面长有伸长的颌骨，上下颌排列着锋利、弯曲、边缘呈锯齿状的牙齿；很大的眼窝似乎是朝前的；脑颅比预想的要大得多。

## 推测恐爪龙的生物学和自然历史特征

让我们来看一看运用这种"法医式"分析方法，恐爪龙的这些特征能告诉我们哪些有关该动物及其生活方式的信息呢？

颌骨和牙齿（锋利、边缘弯曲、带锯齿）证明它是食肉动物，能够撕开并咽下猎物。眼睛很大，向前，应该能够提供某种程度的立体视觉，这对精确判断距离来说是很理想的：既非常有益于在三维空间里监视运动的物体，也有益于抓捕快速移动的猎物。这至少可以部分解释该动物相对较大的大脑（大的脑颅意味着大的大脑）：为了处理大量复杂的视觉信息，视神经叶必须很大，这样该动物才能反应敏捷；大脑的运动神经区必须很大、很复杂，才能执行高级大脑指令，然后协调身体肌肉的快速反应。

考虑到它的腿部较轻而纤细，就更强调需要一个复杂的大脑，这与现代快速移动的动物相似，表明恐爪龙是一个短跑健将。狭窄的双脚（仅用两个脚趾行走，而不是更稳定、更常见的三个脚趾的"三脚架"效果）表明，它的平衡感觉一定发育得特别好；下列事实进一步支持了这一点：该动物是双足的，当它仅用两脚保持平衡的时候，显然能够行走（这种本领就像蹒跚学步的孩子每天所体验的那样，需要通过大脑和肌肉骨骼系统之间的反馈来学习并完善）。

与这个平衡和协调问题相关的是，每只脚上的"恐怖的爪子"显然还是进攻的武器，是该动物捕食生活方式的证据。但确切地说，它是如何使用的呢？人们可以立即想到两种可能性：其一是它可以每次用一只脚猛踢猎物，就像现在的一些大型地栖鸟类，例如鸵鸟和鹤鸵那样（这意味着它可以不时地用一只脚保持平衡）；其二是它可以用双脚踢打来攻击猎物，扑向猎物或将其抓在手中，给予致命的"双重踢打"——这种方式是袋鼠在攻击对手时所使用的。我们未必能够确定哪种推测更接近真实的情况。

长的前臂和带有利爪的手是有效的抓握工具，在两种捕食猎物的情景中都可以抓住并撕开猎物，腕关节使它的手能够像耙子一样奇特地活动，这极大地提高了它们的捕食能力。此外，鞭状的长尾巴可能起着悬臂的作用——相当于走钢丝的人手里的长杆，在它用一只脚踢打的时候帮助平衡身体——或者它也可能作为动态稳定器，在恐爪龙追赶能够迅速改变方向的快速奔跑猎物或扑向猎物的时候发挥平衡作用。

尽管这并不是对恐爪龙作为活的动物的详尽分析，但它的确概述了奥斯特罗姆的某些推理，这些推理使得奥斯特罗姆断定，恐爪龙是一种适于运动、有着惊人的协调性，并且智力水平很可能较高的捕食性恐龙。为什么人们会认为这种动物的发现对于恐龙古生物学领域来说非常重要呢？要回答这个问题，就必须将恐龙作为一个整体来加以更全面的考察。

**关于恐龙的传统观点**

在整个 20 世纪早期，人们普遍（而且非常合理地）

认为，恐龙是一个已绝灭的爬行动物类群。不可否认，与现代爬行动物相比，有些恐龙大得令人吃惊，或样貌相当奇怪，但关键在于，它们仍然是爬行动物。理查德·欧文（以及他之前的乔治·居维叶）确认，恐龙在解剖学上与现生爬行类最相似，例如蜥蜴和鳄鱼等动物。在此基础上，人们从逻辑上推断，它们的大部分生物学特征与这些现生爬行动物即便不是完全相同的，也应该是相似的：它们产带壳的卵，皮肤上有鳞，从生理学角度来说是"冷血的"或外温的动物。

　　似乎很多证据表明这个观点是正确的，罗伊·查普曼·安德鲁斯发现，蒙古的恐龙产带壳的卵，路易斯·道罗（还有其他人）鉴定出它们有鳞的皮肤印痕；因此可以预期它们总的生理学特征应该与现生爬行动物相似。将这些特征结合在一起，就产生了对恐龙完全符合惯例的看法：它们是大型、有鳞，但最重要的是智力迟钝、行动迟缓的动物。它们的习性被认为与蜥蜴、蛇和鳄鱼的习性相似，而这些动物本身大多数生物学家也只是在动物园里见到过。只有一个令人迷惑不解的问题是，大部分恐龙的身体即便是与已知最大的鳄鱼比起来都要大得多。

科普书籍和科学著作中都有许多对恐龙的描绘，它们在沼泽中打滚，或蹲伏着，仿佛几乎不能支撑自己庞大的身躯。一些特别令人难忘的例子，譬如 O. C. 马什的剑龙和雷龙，也强化了这些观念。这两类恐龙都具有庞大的身体和最小的大脑（甚至马什在评论中都不敢相信他的剑龙的脑腔"大小像胡桃一样"）。剑龙的脑力是如此缺乏，以至于人们认为有必要在它的臀部创造一个"第二脑"，起到某种备份或中继站的作用，接收身体远端的信息，这就不容置疑地确认了恐龙"愚蠢"、"低下"的地位。

尽管相对证据的分量无疑支持这种对恐龙的特定观念，但它忽视了，或者简直就是掩饰了与之相矛盾的观察：已知的许多恐龙，例如较小的美颌龙（图 14），身体结构较轻，适于快速移动。这意味着它们的活动水平应该与爬行动物截然不同。

考虑到这一连串流行观点的存在以及奥斯特罗姆基于恐爪龙的观察和解释，我们就更能想象得到这种动物一定给他的思想带来了莫大的挑战。恐爪龙的大脑相对较大，是移动迅速的捕食者，能用后腿快速奔跑并攻击猎物——常识告诉我们它不是普通的爬行动物。

奥斯特罗姆的一个学生罗伯特·巴克（Robert Bakker）将这项研究继续进行下去，他大胆挑战了恐龙是迟缓、愚蠢的动物的观点。巴克认为，有令人信服的证据证明恐龙与今天的哺乳动物和鸟类更为相似。不要忘记，这一主张与1842年理查德·欧文令人难以置信但颇具远见的评论相呼应，当时欧文是第一次考虑恐龙的概念。哺乳动物和鸟类被认为很"特殊"，因为它们能够保持较高的活动水平，而这归因于它们"温血"，或者说内温的生理机能。现生的内温动物保持着较高而且恒定的体温，具有高效率的肺，以保持稳定持久的有氧活动水平，无论周围的温度如何，它们都是高度活跃的，并且能够维持大而复杂的大脑；所有这些特征将鸟类和哺乳动物与地球上的其他脊椎动物区分开来。

如果从我们现在略微经过"调谐"的古生物学观点来考虑，巴克所使用的证据范围是很有趣的。他利用奥斯特罗姆所作的解剖学观察，提出了与他之前的欧文相一致的主张：

ⅰ) 恐龙在其躯干之下长有像柱子一样的腿（像哺乳动物

和鸟类一样），而不是像我们看到的蜥蜴和鳄鱼那样，腿向身体两侧伸展。

ii) 某些恐龙具有像鸟类一样复杂的肺，这使它们能够更有效地呼吸——就像精力非常旺盛的动物所必须的那样。

iii) 根据四肢的比例，恐龙可以飞快地奔跑（不同于蜥蜴和鳄鱼）。

然而，通过借用组织学、病理学方法和显微镜，巴克在报告中陈述，在显微镜下观察恐龙的骨骼薄片，可以看到复杂的结构和丰富的血液供应的证据，这使得维持生命所必需的矿物质可以在骨骼和血浆之间快速周转——这一点与现代哺乳动物完全相同。

巴克又转向生态学领域，分析了化石样品中捕食动物及其假定猎物的相对丰度，这些样品代表了来自化石记录和现代的按时间平均划分的群落。通过比较现代内温动物（猫）和外温动物（捕食性蜥蜴）群落，他估计，在相同的时间间隔里，内温动物平均消耗的猎物量是外温动物的10倍。当他考察古老的（二叠纪）群落时，通过计算博物馆中收藏的这个时期的化石，他观察到可能的捕食者和猎物的数量大致相当。当检验白垩纪时期的一些恐龙群落时，他注意到，与捕食动物的数量相比，可能的猎物的数量要大得多。在研究了第三纪哺乳动物群落之后他得出了相似的结论。

利用这些相当简单的替代研究，他提出，恐龙（或至少是食肉恐龙）一定具有与哺乳动物更相似的代谢需要；为了使群落达到某种程度的平衡，就需要有足够的猎物来维持捕食动物的需求。

他也在地质学和"新的"古生物学领域寻找来自化石记录的宏观进化证据（化石丰度大规模的变化模式）。巴克考察了恐龙起源和绝灭的时间，以寻求可能与人们所推定的恐龙的生理机能有关的证据。恐龙起源的时间，即三叠纪晚期（225 Ma），与某些最类似哺乳类的动物的进化时间相吻合，真正的哺乳动物最早出现的时间大约为200 Ma。巴克指出，恐龙之所以发展成为一个成功的类群，就是因为它们比哺乳动物略早发育了内温的代谢作用。他认为，如果不是这样，恐龙将永远无法与最早的真正内温哺乳动物相抗衡。在进一步为这一观点寻求支持的过程中，他注意到，在整个中生代，恐龙统治着陆地，早期的真正哺乳动物都很小，可能是在夜间活动的食虫动物和食腐动物，只有当恐龙在白垩纪末走向绝灭的时候，这些哺乳动物才开始演化出我们今天所知道的令人眼花缭乱的多样种类。在此基础上，巴克指出，恐龙**必须**是内温动物，否则所谓"更高级的"内温哺乳动物必定会在侏罗纪早期征服陆地，取代恐龙。此外，当巴克考虑到恐龙在白垩纪末（65 Ma）绝灭的时间之时，他相信，有证据证明地球曾经历了一个短暂的全球性温度下降的时期。在他看来，由于恐龙体型很大、具内温性，而且"裸露"（也就是说，它们身上覆盖着鳞片，既没有毛发也没有羽毛来为身体保暖），在气候快速变冷的时期无法存活下来，因而走向了绝灭。剩下的哺乳动物和鸟类则活到了今天。恐龙太大了，无法像显然从白垩纪的大灾难中幸存下来的现代爬行动物那样在洞穴中躲避寒冷的天气。

将这一连串的论证结合起来，巴克提出，恐龙远非缓慢而迟钝，它们是有智慧而且高度活跃的动物，在中生代余下的1.6亿年里从传统上被认为是更高级的哺乳动物那里窃取了世界的统治权。它们不是因为高级哺乳动物的进化崛起而被逐出了地球，而仅仅是因为6,500万年前某个异常的气候事件而放弃了它们的统治权。

现在应该很清楚了，古生物学的研究过程是建立在相当广泛的知识基础之上的。"专家"再也不能只依赖他或她自己狭窄领域里的专门知识。然而，故事的这部分到这里并没有结束。约翰·奥斯特罗姆在这个传奇中还扮演了另一个重要角色。

## 奥斯特罗姆和始祖鸟：最早的鸟类

在描述了恐爪龙以后，奥斯特罗姆继续研究恐龙的生物学特征。在 20 世纪 70 年代早期，德国一个博物馆的一个微不足道的发现又将他带回了激辩的中心。在观察会飞的爬行动物的收藏品时，奥斯特罗姆注意到一件采自巴伐利亚一个采石场的标本。它并不像其标签所显示的那样，属于翼龙，或者说会飞的爬行动物。该标本是一条腿的一部分，包括股骨、膝关节和胫骨。该标本的详细解剖形态使奥斯特罗姆想到了恐爪龙的形态。通过更细致的检查，他还辨认出极微弱的羽毛印痕！这显然是传说中的早期鸟类始祖鸟（图 13）的一件未被认出的标本。奥斯特罗姆

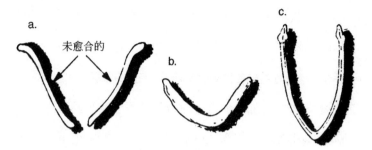

图 17. 早期兽脚亚目恐龙的锁骨（a）、始祖鸟的锁骨（愈合[1]在一起）（b）以及现代鸟类的锁骨（c）的比较

因自己的新发现而激动，同时自然也因为该标本与恐爪龙明显的相似性而迷惑不解，他开始重新仔细研究所有已知的始祖鸟标本。

　　奥斯特罗姆对始祖鸟研究得越深入，就越是觉得这种动物与他自己发现的大得多的食肉恐龙恐爪龙（图 16）的解剖特征非常相似。这促使他重新评估鸟类学家和解剖学家格哈德·海尔曼（Gerhard Heilmann）1926 年所撰写的有关鸟类起源里程碑式的、在当时颇具权威性的著作。食肉的兽脚亚目恐龙和早期鸟类在解剖学上的大量相似特征使得奥斯特罗姆对海尔曼在其著作中关于相似性只能归因于进化趋同的结论提出了质疑。

---

1　愈合：该词在生物学上指原来为两块骨头，后来长在一起，变成一块了。

在掌握了世界各地更新的恐龙发现之后，奥斯特罗姆指出，许多恐龙确实都具有小的锁骨。这一举搬开了海尔曼在恐龙是鸟类祖先问题上所搁置的大绊脚石。受到这一发现的鼓舞，再加上他自己对兽脚亚目恐龙和始祖鸟的详细观察，奥斯特罗姆在 20 世纪 70 年代早期发表了一系列文章，对海尔曼的理论发起了全面进攻。这使得绝大多数古生物学家逐渐接受了兽脚亚目恐龙是鸟类祖先的理论，也无疑会使颇具远见的赫胥黎感到欣慰，而使欧文深感不快。

兽脚亚目恐龙和最早的鸟类在解剖学上——也就意味着在生物学上——密切的相似性给有关恐龙代谢状况的争论添了一把柴。鸟类是高度活跃的内温动物；或许兽脚亚目恐龙也可能拥有较高的代谢水平。带羽毛的鸟类具有独特的解剖学和生物学特征，这使得它们被作为一个独立的纲，即鸟纲，而区别于其他所有脊椎动物，但它们与其他更典型的爬行纲（恐龙只是其中一个已绝灭的类群）成员之间曾经清楚划分的界线变得模糊不清而令人困扰了。这个模糊界线的范围在最近几年变得更加显著了（正如我们将在第六章中所看到的）。

第三章

# 禽龙新知

20 世纪 60 年代古生物学的复苏，以及由约翰·奥斯特罗姆的重要工作所带来的对恐龙的新见解，促使人们开始重新研究某些早期发现。

路易斯·道罗在描述贝尼萨尔禽龙的惊人发现时塑造了一个巨大的、像袋鼠一样的动物形象（5 米高，11 米长）。它具有：

强有力的后腿和帮助其保持平衡的粗大尾巴……（而且）是植食性动物……它用长舌头卷住一把树叶，然后吸入口中，用喙切断。

对禽龙的描绘相当于"吃树叶的动物"——以绝灭时间距今较近的南美大地懒和现在的长颈鹿为代表——在恐

龙中的对应物。道罗自己认为禽龙属于"像长颈鹿一样的爬行动物"。令人惊讶的是，这个禽龙构想的几乎每个方面都是不正确或具有严重误导性的。

## 贝尼萨尔：禽龙的死亡之谷？

在贝尼萨尔所进行的一些最早期的工作集中在这一最初发现的特殊环境上。这些恐龙发现于一个煤矿，位于地表下 356 米到 322 米的深度之间（图 18）。这出乎人们的意料，因为开采的煤层的年龄为古生代，而人们尚未在这么古老的岩石中发现过恐龙。然而，禽龙骨架并不是发现于煤层本身，而是在白垩纪时期的页岩矿穴中，这些页岩穿过了产煤的更古老岩石。采矿地质工作者出于商业利益的考虑而想探明这些黏土的范围以及它们可能对煤矿开采的影响程度，因此，他们开始绘制这个区域的地图。

在这些地质调查过程中所绘制的煤层剖面图显示，水平的古生代岩层（其中含有宝贵的煤层）有时会被很陡的中生代页岩层（细的薄层状黏土）穿过。剖面图给出了边缘陡峭的深谷切入古老岩石中的最初印象，这构成了一个生动而颇具吸引力的观点的基础。这个观点就是贝尼萨尔的恐龙代表了一个突然跌入死亡深渊的群体（图18）。道罗本人不是地质学家，他更倾向于认为这些恐龙曾经生活在一个狭窄的山谷并最终死在那里。然而，越富戏剧性的故事产生的影响就越为广泛。又有人进一步添枝加叶，提出它们是因为被巨大的食肉恐龙（巨齿龙类）追逐，或者是因为某个异常事件，例如森林火灾而惊跑跌下山谷的。这并不完全是一厢情愿的想法：在产禽龙的岩层中发现了非常稀少的大型食肉恐龙的碎片；而在产煤的岩石和产恐龙的页岩层之间的一些砾状沉积物中找到了像木炭一样的煤块。

19世纪70年代和80年代早期贝尼萨尔的发现给物流工作带来了巨大的挑战。长达11米的完整恐龙骨架在一个深矿井的底部被发现；它们是当时全世界关注的焦点，但是如何将它们挖掘出来并进行研究呢？

比利时政府资助的布鲁塞尔皇家自然历史博物馆的科学家和技术人员与贝尼萨尔煤矿的矿工和工程师合作开展了这项工作。每一具骨架都被小心地发掘出来，它在煤矿中的位置也在平面图上系统地记录下来。所有骨架都被分

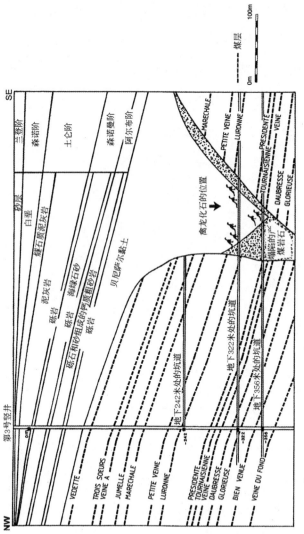

图 18 贝尼萨尔煤矿地质剖面图[1]

---

1　图中未译的词均为法语命名的煤层名。

成大约 1 米见方、便于搬运的块体。每一块都用熟石膏外壳保护起来，并在平面图上详细编号和记录（图 19），然后才抬出来运到布鲁塞尔。

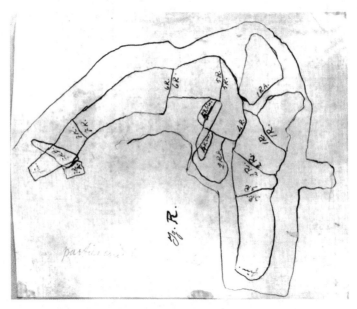

图 19 贝尼萨尔一具被挖出的禽龙骨架的平面图

回到布鲁塞尔，这些化石块根据记录被重新组合起来，就像巨大的拼图玩具。石膏被极为小心地剥掉，露出每具骨架的骨头。这时，在开始任何进一步的处理或提取工作之前，为该计划特聘的一位画家古斯塔夫·拉瓦莱特

（Gustave Lavalette）会首先绘制出保持死亡姿态的骨架
（图 20）。一些骨架被从页岩中完全取出，组装成动人心
魄的展品，直到今天还可以在布鲁塞尔利奥波德公园的皇
家自然科学研究所（即原来的皇家自然历史博物馆）看到。
其他骨架只清除了一侧的页岩基体，以埋藏的姿态排列在
支撑着巨大的石膏块的木制展台上。这些展品是仿照它们
在贝尼萨尔的煤矿中最初被发现时的埋藏姿态来布置的。

**图 20** 拉瓦莱特绘制的图 19 中的禽龙骨架的图样

　　每一次发掘的最初平面图，以及一些粗略的地质剖面图和所发现恐龙的素描图都保存在布鲁塞尔皇家研究所的档案里。这些资料被"开采"出来，而这次是为了寻找有关恐龙埋藏地点地质特征的线索。

　　贝尼萨尔村所在的蒙斯盆地煤矿区的地质状况在发现恐龙之前就已经是研究的课题了。1870 年的一篇重要评论指出，蒙斯盆地的产煤地层中分布着"鲱斗"状斑点（自然形成的地下坑洞）。每一个"鲱斗"的范围都很有限，且为页岩所填充。据推断，它们是地下深处的古生代岩石溶解所形成的。在上层所覆盖岩石的纯重力作用下，这些洞穴的顶面会发生周期性塌陷，从而洞穴也就会被它上面所覆盖的物体所填充：在本案例中是软的黏土或页岩。在蒙斯地区，这样的沉积物塌陷在当地的记录中表现为恐怖的、像地震一样的震动。惊人的巧合是，1878 年 8 月在贝尼萨尔发掘恐龙的时候，就发生了一次这样的小"地震"。人们注意到了地下通道内的小塌陷和涌水，但水一抽干，矿工和科学家们又立刻投入了工作。

　　尽管掌握了所有这些区域的地质资料，但非常奇怪的是，布鲁塞尔博物馆的科学家们错误地解释了贝尼萨尔"鲱斗"的地质特征。煤矿工程师绘制了发现恐龙的坑道的地质剖面略图。图上显示，在紧邻产煤层的地方，有10—11 米厚的角砾岩剖面（破碎的岩层，含有不规则石灰岩块和混有淤泥与黏土的煤矿，即图 18 中的"塌陷的产煤岩石"），之后才是坡度很陡、但分层比较规则的产化石页岩。接近"鲱斗"的中部，黏土层呈水平分布，当坑道接近"鲱斗"相反的一侧时，岩层再一次向相反的方向急剧倾斜，然后又进入角砾岩区域，最后重新进入产煤沉积层。穿越"鲱斗"的对称地质特征恰恰可以认为是上覆沉积物填入大的洞穴中所造成的。

埋藏恐龙的沉积物也直接否定了山谷或河谷的解释。分层很细的含化石页岩通常是在低能量、相对浅水的环境下沉积的，大概相当于大的湖泊或潟湖。完全没有证据显示成群的动物跌入山谷造成灾难性死亡。事实上，恐龙骨架发现于不同的沉积层中（与鱼、鳄类、龟、数以千计的树叶印痕，甚至罕见的昆虫碎片共同存在），由此证明它们肯定不是死于同一时间，因此绝不会是同一群落的一部分。

对煤矿中化石骨架进行的定向研究显示，恐龙尸体是在不同时间、从不同方向被冲入埋藏区域的。似乎携带它们尸体的河水的流动方向会不时变化，这与今天在流动缓慢的大型河流中发生的情况完全一致。

因此，早在 19 世纪 70 年代人们就清楚地认识到，贝尼萨尔的恐龙既不是在"山谷"、也不是在"河谷"中死亡的。非常有趣的是，贝尼萨尔恐龙的戏剧性发现似乎太需要一个关于其死因的同样戏剧性的解释了，以至于尽管这些想象与当时可获得的科学证据相抵触，它们还是被不加批判地采纳了。

禽龙作为巨大的袋鼠型动物的形象已经变成了标志性符号，因为其完整的骨架模型被慷慨地送给世界各地的许多博物馆。但是这种复原的证据经得起进一步的仔细研究吗？

## "歪曲"的尾巴

根据基本原理来重新观察骨架证据，贝尼萨尔骨架的解剖结构显示出了一些令人迷惑的特征。其中一个最显著的特征与禽龙硕大的尾巴有关。众所周知的禽龙复原模型显示，该动物（图 12）像真正的袋鼠那样，用尾巴和后腿像三脚架一样支撑起身体。为了采用这种姿态，尾巴朝臀部方向向上弯曲。与其形成强烈反差的是，所有的文献记录和化石证据都表明，该动物的尾巴一般是笔直的或者有点向下弯曲。从博物馆陈列在石膏块上的标本中，以及从标本展出之前用铅笔所绘的精美骨架速描图上（图 20）都可以清楚地看出这一点。当然，或许可以争辩说，这种形态只不过是保存过程所造成的现象，但这个解释在这里肯定是没有道理的。实际上，脊柱的两侧都由像格架一样排列的长骨质肌腱"捆绑"在一起，从而使得脊柱变得很直；这可以在图 20 中看到。因此，肌肉发达的沉重尾巴起着巨大悬臂的作用，在臀部平衡身体前部的重量。事实上，从身体结构的角度来说，在道罗的复原中所看到的向上弯曲的尾巴在这些动物活着时是不可能实现的。对骨架的详细检验显示，尾巴在若干地方被有意弄断，以达到向上弯曲的目的——这种情况或许是路易斯·道罗过于急切地想使骨架适合他个人想法的缘故。

这一发现打乱了骨架其余部分的姿态。如果尾巴变直了，以使它的形态更为"自然"，那么身体的倾斜度就发生了显著的变化：脊柱变得更水平，在臀部保持平衡。结果是胸部变得更低，使前肢和手更接近于地面，这就引发了有关它们可能的功能的疑问。

## 手还是脚？

出于一个明显的原因，禽龙的手已成为恐龙民间传说的一部分。拇指上锥形的钉状刺最初被认为是长在禽龙鼻子上的角（图9），就像犀牛一样，而且这个形象由于矗立在伦敦水晶宫公园的巨大混凝土模型（第一章，图2）而流传于世。直到1882年道罗首次提供了禽龙的权威性复原，人们才确信这块骨头的确是恐龙手的一部分。然而，这种恐龙的手（以及整个前肢）还有更多的令人惊奇之处。

拇指，或者说第一指，由一块大的、锥形、带爪子的骨头组成，其突出方向与手的其余部分垂直，几乎不能活动（图21A）。第二、三、四指的排列方式与第一指大不相同：三块长的骨头（掌骨）构成了手掌，它们通过坚固的韧带结合在一起；手指与这些掌骨末端以关节相连，短而粗，末端长有平而钝的蹄。研究者将这些骨头排列起来，操控它们，看它们真正的活动范围可能如何，结果发现，手指向外张开（互相远离），完全不能像预想的那样，弯曲握成拳头，及执行简单的抓握功能。这种独特的排列方式看起来与它们的脚很相似：每只脚上中间三个脚趾的形态和关节都很相似，互相分开，末端有扁平的蹄。第五指与所有其他指均不相同：它与前面的四个手指明显分开，与手的其余部分构成很大的角度；它也很长，每个关节处的活动范围都很大，可能异乎寻常地灵活。

这次重新观察促使我大幅度修订了早期的观点，并推断禽龙的手是整个动物界中最奇特的手之一。其拇指无疑是一个引人注目的、匕首般的防御武器（图21B）；中间的三个手指显然适于承重（而不是像普通的手那样用来抓握物体）；而第五指足够长且灵活，可以像真正的手指一样充当抓握的器官（图21A）。

手可以像脚一样用来行走，或者至少可以承担部分体重，这个观点是革命性的——但它是正确的吗？这促使人们对前肢和肩部进行进一步研究，以便寻找可能支持这一全新解释的补充证据。

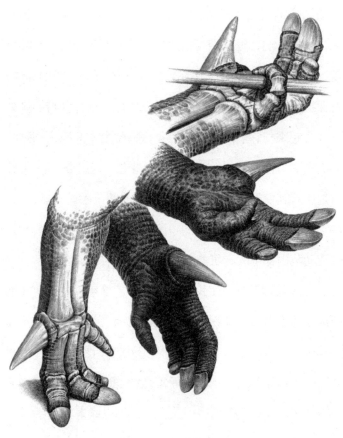

**图 21A** 禽龙的手及其使用范围

首先，腕关节被证明是很有趣的。腕部的骨骼愈合在一起，成为一个骨块，而不是一排光滑、圆润的骨头，可以相互滑过，以便手在前臂上旋转。所有单个腕骨都由骨

**图 21B** 禽龙匕首一样的拇指的活动

质胶结物结合在一起，其外周还有骨质韧带束进一步加
固。显然，这些特征结合在一起，是为了将腕骨牢牢固定
在手和前肢骨骼上，以抵抗承重过程中作用于它们的力，

如果手真的要起脚的作用时必须如此。

前肢骨骼的其余结构非常强壮，主要也是为了加强承重时的力量，而不是像比较标准的真正前肢那样为了取得柔韧性。前肢的僵硬程度对于手的着地方式具有重要影响——手指应该是朝外，而手掌向内——这是将手转换成脚所造成的一个不寻常的结果。禽龙这种相当笨拙的手的姿态已经通过研究这种恐龙留下的前脚印的形态得到了证实。

前肢上部（肱骨）巨大，很像柱子，并显示出它上面曾固定巨大的前臂和肩部肌肉。前肢也特别长，超过了后肢长度的四分之三。在原来的骨架复原中，前肢的真正长度在某种程度上被掩盖了，因为它们折叠在胸前，**看起来**总是比它们的真正长度要短。

最后，肩部骨骼大而有力，如果前肢起到腿的作用，这就完全合乎道理了。但肩部还显示出另一个出乎意料的特征。在贝尼萨尔的较大骨架中，胸部中央有一块不规则的骨头，长在胸部中央两个肩关节之间的软组织中。这块骨头是病理性的——当动物用全部四足行走时，胸骨内部所产生的损伤会促使这种骨头的形成（被称为胸骨间

骨化 )。

根据这些观察重新评估禽龙的姿态，则它的脊柱比较自然的姿态很显然是水平的，体重沿着脊柱分布，主要在臀部保持平衡，并由大而强壮的后腿支持。骨化的肌腱沿脊椎骨在胸、臀和尾部上方分布，显然起着张力器的作用，使体重能够沿着脊柱分布。这种姿态使前肢能够着地，在动物静止时用于支持体重。禽龙很可能用全部四肢缓慢行走，至少在部分时间里是这样的（图22）。

## 大小和性别

贝尼萨尔的发现尤为著名，因为其中包含了两种类型的禽龙。一种（贝尼萨尔禽龙——顾名思义就是"生活在贝尼萨尔的禽龙"）大而强壮，有超过35副骨架属于这种禽龙；另一种（阿瑟菲尔德禽龙，以前称为曼氏禽龙——从字面上讲，就是"曼特尔的禽龙"）较小而纤细（大约6米长），仅有两具骨架。

这些标本一直被认为属于不同的种，直到20世纪20年代，来自特兰西瓦尼亚的贵族、古生物学家弗朗西

图 22 新的禽龙复原图

斯·巴伦·诺普乔（Francis Baron Nopcsa）对它们重新进行了评析。两种显然生活在同一地点、同一时间的非常类似的恐龙类型的发现，促使他提出了一个简单而明显的问题：它们是同一个种的雄性和雌性吗？诺普乔试图在若干化石种中确定性别差异。就贝尼萨尔的禽龙来说，他推断，较小且较稀少的种是雄性，较大且较多的种是雌性。他相当合理地评论道，实际情况通常是雌性爬行动物要比雄性大。其中的生物学原因在于，雌性通常必须生产大量的厚壳卵；卵在产出之前要从身体吸取相当多的资源。

尽管这看起来是一个合理的推测，但事实上它很难得到科学的证实。从总体上看，爬行动物体型大小的变化范围大得惊人，远非诺普乔希望我们相信的那样，是稳定的特征。除此之外，在现生爬行动物中用于区分性别的特征通常见于性器官本身的软组织解剖、皮肤的颜色，或者行为。这一点特别遗憾，因为只有在非常罕见的情况下化石才会保存这些特征。

最有价值的证据是发现禽龙性器官软组织结构的化石，但遗憾的是，这是一件几乎不可能的事情。而且，由于我们永远不可能知晓它们真正的生物学特征和行为，因而我们必须谨慎一些，还要实事求是。从目前来看，较为稳妥的办法是记录这些不同点（或许我们可以保留自己的猜测），但也只能到此为止。

对产自贝尼萨尔的、更丰富的大型禽龙的详细研究显示，其中有少数体型比平均值要小。对所有这些骨架比例的测量显示了出人意料的生长变化。较小的、据推测是未成年标本的前肢比预期的要短。前肢比较短的幼年个体可能更擅长于双足奔跑，但在达到大型的成年尺寸和高度后，它们可能就逐渐变得更习惯于以全部四条腿行走。这也与仅在较大的、可能为成年的个体中观察到胸骨间骨化现象相一致，因为与较小、较年轻的个体相比，成年个体在更多的时间里是四足着地的。

**软组织**

化石动物的软组织很罕见，只有在极为特殊的条件下才能保存下来，因此古生物学家逐渐探索出各种方法，来直接和间接地解读有关恐龙这类生物学特征的线索。

路易斯·道罗描述过禽龙部分骨架上的小片皮肤印痕。出自贝尼萨尔的许多骨架是按典型的"死亡姿态"来展示的，强有力的颈部肌肉在死后僵直（*rigor mortis*）过程中收缩，牵拉颈部产生强烈弯曲，使头向上和向后转动。在死亡和最终埋藏的这段时间里，骨架一直保持着这个姿态，这表示动物的尸体已经变硬、变干。在这样的状态下，它像羊皮纸一样坚韧的皮肤表面会变硬，埋藏它的细粒泥浆就会形成其皮肤的印模。如果埋藏恐龙的沉积物足够结实，就能在恐龙的有机组织不可避免地腐烂和消失之前保留它们的形态，那么（就像简单的陶器模子一样）皮肤表面结构的印痕就会保存在沉积物中。

在禽龙的例子中，保存下来的皮肤结构印痕证实了人们的预想：它显示了细鳞状、柔韧的表面，在外表上与现代蜥蜴的皮肤非常相似（图23）。显然，原始组织的消失意味着任何有关皮肤颜色的痕迹也早已消失了。

除了描述恐龙骨架中的各种骨骼所必须做的详细工作以外，研究也可以集中于恐龙身体的某些部位，特别是臀部、肩部和头部，以便获得有关肌肉排列的线索。其中的原因是，肌肉和肌腱在骨骼表面附着的地方经常会形成指示性的表面标志，例如骨头上突起的脊，或独特的凹形肌痕。骨骼是一种可塑性大得惊人的物质。在身体的生长过程中，或者在受到骨折之类的外伤后自行恢复时，骨骼都必须改变形态。即便当身体完全长成以后，骨骼也会对不断变化的压力和张力作出反应，继续重新塑造，但这可能不那么显而易见。例如，一个进行负重训练的人会沉积额

图 23  禽龙皮肤印痕

外的骨骼，以便应对增大的负荷，特别是当这种训练模式
持续很长时间的时候。

　　在身体的特定区域，大的肌肉会对骨骼施加压力，这
样骨骼上的肌痕就会相当明显，甚至在化石上也清晰可
见；据此可以绘制出一张复原了一些原始肌肉组织的草图
（图24）。这种复原以相关现生动物的已知肌肉排列为依

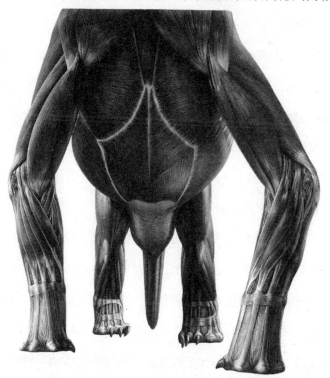

**图24** 恐龙的肌肉复原

据，同时考虑到所研究的化石动物的解剖差异或新特征，是将两者融合在一起而产生的。

虽然在科学性上远远不够理想，但这种类型研究的一个例子是当研究者在试图了解禽龙肌肉组织的时候，用与恐龙关系最近的两个现生近亲——鸟类和鳄类的资料作为起点。显然，这两种类型的动物都不能完全准确地代表禽龙的解剖学特征：鸟类因飞行而大大改变，没有牙齿，尾巴极小，髋部和腿部的肌肉也发生了不同寻常的变化；鳄类虽然在形态上更接近传统的爬行类，但作为水生捕食动物，它也是高度特化的。尽管存在这些实际问题，但它们为复原提供了一个总的框架或样板——称为"现有系统发育框架"（EPB）——在此基础上再用禽龙更详细的解剖学特征来对其进行补充。

这些特征包括来自骨架或头骨的整体物理结构（骨骼的形态和排列）的综合证据，以及它们对肌肉分布和功能的影响。这样的复原还需要考虑一些其他因素，譬如所提出的运动方式。例如，肢骨之间关节的详细特征，它考虑的是与肢骨定位和每一个肢骨关节处可能的活动范围相关的单纯力学因素；又如在某些情况下，恐龙以足迹化石的形式所留下的真实证据，可以指示它们活着时实际上是如何活动的。

## 现有系统发育框架（EPB）

通过建立与恐龙关系最近的近亲的系统发育树，我们可以清楚地看到，鳄类在恐龙出现之前演化，而鸟类则在最早的恐龙出现之后演化。因此，从进化角度上讲，恐龙处于现生鳄类和现生鸟类之间。

现生鸟类和鳄类共同拥有的解剖学特征也应该存在于恐龙身上，因为事实上它们是被这些现生动物"括在中间"的。有时这种方法可以在即使没有确凿实物证据的情况下，帮助推断已绝灭类群的生物学特征。然而，鉴于像恐龙这样的动物可能非常特殊，在与现生鳄类和鸟类进行比较的时候，必须慎重使用这种方法。

在研究伦敦自然历史博物馆收藏的许多破碎的禽龙骨骼时，一件与众不同的标本引起了我的注意。它由一个大而残破的部分头骨组成。上颌骨上暴露的几颗牙齿显示它的确属于禽龙，但除此之外，对于解剖研究来说，它似乎毫无用处了。出于兴趣的缘故，我决定将该标本切成两半，看看它内部是否有任何解剖特征更好地保存下来了。

结果展现出来的特征出乎意料地有趣并且令人兴奋。虽然骨骼已遭破坏和侵蚀，但很明显，该头骨被埋藏在柔软的粉砂质淤泥中，淤泥渗入了头骨的全部空间。经过数百万年以后，淤泥变硬（石化），密度变得像混凝土一样。石化的过程非常彻底，以至于泥岩已变得不具渗透性，因此含有矿物质的地下水不能透过岩石渗入并将头骨矿化；结果骨骼相对较软、易碎。

这种罕见的保存条件为探索头骨解剖特征提供了难得的机会。小心剔除易碎的头部骨骼（而不是硬的泥岩基质），便可暴露出已成为天然泥岩铸模的头骨内部空间的形态（图25）。其中包括大脑所在的空腔、内耳的通道，以及许多通向颅腔和从颅腔发出的血管和神经束。鉴于这一特定动物在大约1.3亿年前就已经死亡，能够复原这么多的软体解剖特征真是非同寻常。

## 禽龙和食性适应

最早可识别的禽龙化石是牙齿，它的指示性特征显示它是植食动物；这些牙齿的形态像凿子，能够在嘴里将植

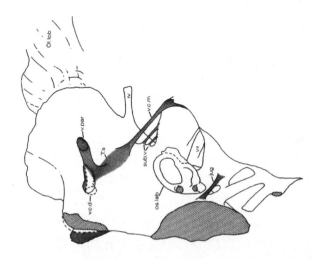

**图 25** 左：禽龙天然颅腔铸模化石的斜视图。右：颅腔的线条图，展示耳区结构、神经、血管和嗅叶。

物切断和磨碎后再咽下。

切断和磨碎植物性食物的需求提示了一些有关已绝灭动物食性的重要信息，以及它们的骨架可能包含的一些线索。

## 禽龙的大脑

颅腔的结构显示前部有大的嗅叶，表明禽龙的嗅觉很发达。粗大的视神经朝着大眼窝方向穿过脑颅，显然证实了这些动物具有良好的视觉。大的脑叶表明它是一种协调性很好、很活跃的动物。内耳铸模显示出为动物提供平衡觉的环形半规管，以及一个指状结构，是它听觉系统的一部分。在颅腔之下悬垂着一个豆荚状结构，其中容纳着脑下垂体，它负责调节内分泌功能。在铸模的两侧向下，可以看到一系列粗大的管道，代表了 12 对脑神经穿过原来的脑颅壁（当然，在这里已破碎了）的通道。其他穿过脑颅壁的较小的导管和管道也保存下来，这提示了一组血管的分布。它们将血液从心脏（通过颈动脉）带到颅底，当然，也通过向下返回颈部的大的外侧头静脉将血液从大脑排出。

食肉动物的食物大部分由肉类组成。从生物化学和营养学的观点来看，对于任何动物来说，肉类食物都是一个最简单和最明显的选择。世界上大多数非食肉动物具有与捕食它们的食肉动物大致相似的化学物质组成。因此这些猎物的肉是现成的、可迅速吸收的食物来源。当然，条件是能够捕捉到猎物，用像餐刀一样的简单牙齿在嘴里将其切成大块（甚至整个吞下），然后在胃里很快消化。整个过程有可能比较迅速，而且从生物化学的角度来看，效率也非常高，因为几乎没有什么浪费。

食草动物所面临的是更具有挑战性的问题。与动物的肉相比，植物既不是特别有营养，也无法被迅速吸收。植物主要由大量的纤维素构成，这种物质赋予了它们强度和硬度。对于动物来说，有关这种独特化学物质至关重要和极为棘手的一点是，它**完全不能消化**：在我们肠道里的化学物质储备中的确没有什么东西能够真正分解纤维素。因此，植物中的纤维素部分就像我们所谓的粗粮一样，直接通过了动物的肠道。那么，食草动物是如何依靠看起来这么没有价值的食物存活下来的呢？

植食性动物已成功地适应了这种食物，因为它们表现出许多独特的特征。它们拥有一副好牙齿，耐磨、持久、复杂，具有不光滑的研磨表面，还拥有强有力的颌骨和肌肉，能够将植物组织在齿间磨碎，把包含在植物细胞壁之内的有营养、能利用的"细胞液"释放出来。为了从这些比较缺乏营养的物质中摄取足够的营养，食草动物需要吃下大量的植物性食物。因此，食草动物往往拥有圆桶状的身体，以容纳大而复杂的肠道，这是贮存它们不得不吃下的大量植物并给予足够的时间来进行消化所必需的。食草动物的大容量肠道中储藏着种群密集的微生物，它们生活在消化道内壁的专门腔室或袋囊中；我们的阑尾是这种腔室的一个小的退化残迹，提示我们的灵长类祖先是食草的。这种共生关系使得食草动物为微生物提供一个温暖、受到庇护的环境以及持续不断的食物供应；反过来，微生物能够合成纤维素酶，这种酶能消化纤维素，并将其转化为糖，然后就可以被宿主吸收了。

从大部分标准来看，禽龙（长 11 米，重约 3—4 吨）属于大型食草动物，应该会消耗大量的植物。已知这一背景信息，就可以详细探讨禽龙究竟如何取食以及消化食物等问题了。

有关禽龙取食方式的一种长期的看法是，它们用长舌头将植物卷入嘴里。这一观点由吉迪恩·曼特尔提出，他对最早的、近乎完整的禽龙下颌骨之一进行了描述。这一新的化石包括一些标志性的牙齿，所以其归属是没有疑问的；它的前端没有牙齿，呈喷嘴状。曼特尔推测，这种形态可以使长舌头从嘴里滑进滑出，就像长颈鹿的舌头那样。曼特尔不可能知道，这个新发现的下颌骨前端并不完整，"喷嘴"里实际上覆着一块前齿骨。

值得指出的是，20世纪20年代路易斯·道罗进一步支持了曼特尔的推测。道罗描述了位于下颌骨前端的前齿骨上的一个特殊开口；它构成了一个直接穿过前齿骨的通道，使得长而纤细、肌肉发达的舌头可以伸到外面抓住植物，并把它卷到嘴里。在禽龙的颌骨之间曾发现大的骨骼（角鳃骨），有人认为它们的作用是供控制这类舌头的肌肉附着。这一结构与道罗的观点非常吻合，即禽龙是啃食树木的高大动物，具有像长颈鹿一样可以抓住食物的长舌头。

在对许多采自贝尼萨尔的禽龙头骨上的下颌骨重新进行检查后发现，并没有道罗所说的前齿骨通道。前齿骨上部的边缘很锋利，支持着一个龟状角质喙。前齿骨及其上面的喙与同样没有牙齿、覆盖着喙的位于上颌骨前端的前颌骨相对咬合，这种结构使得这些恐龙可以非常有效地啃食它们所获取的植物。角质喙的优势在于，无论它们啃食的植物多么坚硬和粗糙，它都会持续不断地生长（不像牙

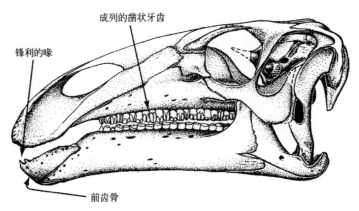

成列的凿状牙齿

锋利的喙

前齿骨

图 26 禽龙的头骨

齿那样会逐渐磨损）。对角鳃骨则仍需作一些解释。在本例中，它们应该是用来固定肌肉的。这些肌肉使舌头在嘴里来回移动，以便在咀嚼时将食物变换位置，并在吞咽时将食物推入咽喉。这与人类口腔底部的角鳃骨所起的作用完全相同。

## 禽龙如何咀嚼食物

除了位于嘴前端的、能够咬断植物的角质喙之外，颌骨的边缘还排列着令人生畏、近乎平行的凿状牙齿，它们的形态像边缘不规则的刀刃（图 26）。每个工作齿都靠着相邻的牙齿整齐地排列，在工作齿的下面是替换齿的齿冠，当工作齿磨损的时候，它们便补入这个空隙，实际上相当于牙齿的"弹匣"或电池组。一般来说，这种持续替换的模式对于爬行动物而言是很平常的。但是，即便以爬行动物的标准来看也非同寻常的是，工作齿和替换齿在一个不断生长的匣中被固定在一起，就好像它们都是一个像磨石一样的巨大牙齿的一部分。在恐龙的一生中，相对的（上牙和下牙）牙齿匣之间保持着一个研磨面。它们不具有永久性的（像我们一样的）耐磨臼齿，而是可以描述为抛弃型的模式，它依靠的是单个简单牙齿的不断替换。

每个相对的牙齿切面边缘都具有一些典型特征，保证了它们切割动作的效率。下牙的内表面覆盖着非常坚硬的厚釉质层，而牙齿的其余部分则由较软的、像骨骼一样的牙质组成。与其相对的是，上牙的布局是相反的：**外**边缘覆盖着厚釉质层，牙齿的其余部分由牙质组成。当颌骨闭合时，这些相对的切面彼此滑过：在剪 / 切动作中，下颌牙齿匣的坚硬釉质前缘与上牙的釉质切边咬合，很像一把剪刀的两个剪切面（图 27 ）。一旦釉质边缘彼此滑过之后，（不同于剪刀的剪切面）釉质边缘切在对面牙齿匣较不坚固的牙质部分，进行撕扯和研磨动作，这对于磨碎坚硬的

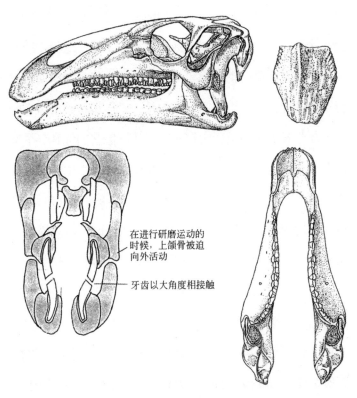

在进行研磨运动的时候，上颌骨被迫向外活动

牙齿以大角度相接触

图 27 禽龙的牙齿和颌骨

植物纤维是很理想的。

上牙和下牙"弹匣"研磨表面的几何形态特别有趣。磨蚀面是倾斜的，下牙的磨蚀面向外、向上，而上牙的磨蚀面则朝内、朝下。这一模式带来的结果很有意思。在传统的爬行动物中，下颌骨的闭合是由简单的铰合作用完成

的，嘴两边的颌骨在所谓的**同颌**（isognathic）咬合过程中同时闭合。如果禽龙使用这种咬合方式，那么显而易见，嘴两边的两组牙齿就会永远卡在一起：下颌卡在上颌里。这就意味着，倾斜的磨蚀面当初是如何发育而成的，根本无法想象。

如果要形成倾斜的磨蚀面，颌骨在闭合的时候就必须有某种侧向活动的能力。这种活动类型在现生食草哺乳动物中是通过发育**上下颌牙齿不同的**（anisognathic）颌骨闭合机制来实现的。它依靠的是下颌骨宽度必然小于上颌骨这一事实。每个颌骨两侧呈吊索状排列的特殊肌肉能够准确地控制颌骨的位置，因此同一侧的牙齿互相接触，然后下牙在里面用力滑动，这样牙齿便互相研磨。我们人类即采用这种类型的颌骨机制，特别是在吃坚硬食物的时候，但在一些标准的食草哺乳动物中，例如牛、绵羊和山羊，动作则要夸张得多，颌骨的摆动非常明显。

所有类型哺乳动物的颌骨机制都需依靠非常复杂的颌部肌肉、复杂的神经控制系统，以及一套具有特殊结构的头骨，以便承受这种咀嚼方式所带来的压力。相反，较传统的爬行动物——禽龙就是其中之一——不具备上下颌牙齿不同的颌骨配置，缺乏能使下颌精确定位的复杂肌肉系统（它们是否具有控制这一运动的神经系统则无关紧要），而它们的头骨也没有特别加固，以承受作用于头骨上的侧向力。

禽龙似乎给我们出了一道难题：它与任何预期的模式都不相符。是解剖结构错了，还是这类恐龙有某些出人意料的行为？

禽龙的下颌骨很强壮，而且相当复杂。在前端，每块下颌骨都由前齿骨将其同相邻的下颌骨固定在一起。牙齿的排列基本上与下颌骨纵向平行，在后方有一块高高突起（冠状突）的骨骼，该区域起到附着强有力的颌骨闭合肌的作用，同时也作为一个杠杆，增加作用于牙齿的咬合力。在冠状突之后，是一组呈紧密束状排列的骨骼，支持着像铰链一样的下颌关节。上颌骨在咬合的时候不仅会受到由下颌骨向上闭合以及下牙对上牙咬合所产生的垂直方向的力，而且随着咬力的增大，还会受到下牙插入上牙时所产生的横向力。

在所有作用于禽龙头骨的力中，最不具备承受条件的是作用于牙齿的横向力。伸长的口鼻部（眼窝前面的区域）

横切面呈深的倒 U 形。为了抵御作用于牙齿的横向力，头骨需要由连接两侧上颌的骨质"托梁"来支撑；这种装置可见于现生哺乳动物。如果没有这样的支撑，禽龙的头骨很容易沿中线破裂，这是因为作用于牙齿的力使颧骨的纵深对口鼻部顶面产生巨大的扭转力矩所致。在每侧头骨下面成对角线排列的铰合构造避免了头骨沿中线破裂；它使头骨侧面在下牙用力插入上牙的同时向外活动。头骨内部更深处的其他特征帮助控制沿着这条铰链方向可以接受的活动量（这样上颌骨就不会耷拉着乱动）。

我将这个奇特的系统命名为**侧向运动**（pleurokinesis）。一方面，可以将该系统看作是在正常啃咬时避免其头骨发生灾难性破裂的一种手段。然而，侧向运动机制允许相对的两组牙齿之间进行**研磨**运动。它以完全不同的方式模仿了食草哺乳动物所完成的研磨运动。

这一新的咀嚼系统可以与另一个和禽龙等恐龙相关的重要观察结果联系在一起。它的牙齿从脸部侧面凹进（位置朝内）。这就产生了一个凹陷，可能被多肉的面颊所覆盖——另一个迥异于爬行动物的特征。假如切碎食物时上牙滑过下牙，合乎逻辑的预见似乎是，每次它们用嘴啃咬食物的时候，至少一半的食物会从嘴边掉出去……当然，除非它们被某种多肉的脸颊挡住，并在嘴里再加工。因此，这些恐龙似乎不仅能够以令人惊讶的复杂方式咀嚼食物，它们还具有跟哺乳动物一样的面颊。当然，为了在咀嚼之前将食物在牙齿之间定位，它们应该还需要一个肌肉发达的大舌头（和强壮的角鳃骨——舌肌骨）。

一旦确认了这一新的咀嚼系统之后，我便认识到，侧向运动并不是只与禽龙联系在一起的"一次性"的新发明。它实际上普遍存在于被称为鸟脚次亚目恐龙的基本类群中，禽龙就属于该类群。追溯鸟脚次亚目在整个中生代的总体进化历史，很明显，这些恐龙类型最终变得越来越多样和丰富。鸟脚次亚目在白垩纪最晚期的生态系统中达到鼎盛；经常有报告称，在所有这个时期已发现的陆生动物化石中，鸟脚次亚目是数量最多的。在全球的某些地区，在这一时期以鸭嘴龙类为代表的鸟脚次亚目恐龙极度丰富和多样化：北美的一些发现显示出数以万计个体的鸭嘴龙兽群。鸭嘴龙具有最复杂的臼齿（每只鸭嘴龙在任何时候都有多达 1,000 颗牙齿），以及发育完善的侧向运动系统。

一个说得通的解释是，这些恐龙之所以变得丰富和多样在很大程度上是因为它们能够利用侧向运动系统有效地食用植物性食物。它们的成功进化很可能是继承了首先在禽龙中得以确认的新式咀嚼机制的结果。

第四章

# 恐龙系谱解析

到目前为止，我们的焦点大部分集中在探讨禽龙的解剖、生物学及其生活方式等方面。很明显，禽龙仅仅是中生代更加恢宏的生命舞台上的一类恐龙。古生物学家肩上的重任之一是努力探寻他们所研究的种的系谱，或者说演化历史。为了对恐龙作为一个整体有正确的认识，就必须简要说明用于进行这项工作的方法，以及当前我们对恐龙进化历史的了解。

化石记录的一个特点是它提供了不仅仅在几代人的时间跨度内（这是现代系谱学家的研究范围），而是跨越数千或数百万代，在漫长的地质年代里追溯生物系谱的诱人可能性。目前进行这项研究的主要手段是被称为系统发育系统学的方法。这一方法的前提其实非常简单。它承认生物体都服从于达尔文的总体进化过程。这只需要一个并不深奥的假设，即从系谱的角度来说，亲缘关系较近的生物往往比关系较远的在身体上有更大的相似性。为了研究动物（在这里是化石动物）的亲缘关系，古生物系统分类学家最感兴趣的是在保存下来的化石硬体部分识别出尽可能多的解剖特征。遗憾的是，大量真正重要的生物学信息已全部腐烂，并在骨架石化的过程中丢失了，因此，从实际情况出发，我们只能充分利用所遗留的部分。直到不久之前，系统发育重建还完全依靠动物硬体部分的解剖特征；然而现在，科学技术的创新使得收集基于现生有机体的生物化学和分子结构的资料成为可能，这为研究过程增加了重要的新信息。

恐龙分类学家需要做的就是开出一张长长的解剖特征清单，以便识别出在系统发育中重要的或含有进化信息的特征。这项任务是为了将较密切的动物归在一起，在此基础上试图建立一个切实可行的亲缘关系分类体系。

这一分析还会确定某一特定化石种的独特特征；这些特征十分重要，因为它们确立了一些特殊的性状，比如可以将禽龙与所有其他恐龙区分开来的性状。这听起来或许再明显不过了，但实际上，化石动物经常只保存了数量很少的骨骼或牙齿。如果在原产地以外但时代非常相近的岩石中发现其他不完整化石，要令人信服地证明新发现的遗骸属于（比方说）禽龙，或者一种以前没有发现过的新动物，可能是一个相当大的难题。

除了确定禽龙的独特特征以外，还需要确定它与其他同样独特、但关系非常密切的动物所共有的解剖特征。可以说这就相当于它解剖学上的"家族"。恐龙"家族"所共有的特征越普遍，就越能将它们归到更大、范围更广的恐龙类别中，这些类别将逐渐拼合成有关所有恐龙关系的总体模式。

## 重爪龙的例子

200多年以来，英格兰东南部的早白垩世岩石一直为化石猎人（开始于吉迪恩·曼特尔）和地质学家（以威廉·史密斯最为著名）所大力勘探。禽龙化石很常见，有限的其他几类恐龙化石也是如此，例如"巨齿龙"、丛林龙、多棘龙、怪异龙、威尔顿龙和棱齿龙。鉴于如此大的勘探力度，人们曾一度认为不大可能再有任何新的发现了。但在1983年，业余化石采集者威廉·沃克（William Walker）在萨里的一个黏土矿坑里发现了一块大的爪骨，这促成了一种8米长、对科学界来说全新的食肉恐龙的发掘。为了纪念它的发现者，该恐龙被命名为沃氏重爪龙，它在伦敦自然历史博物馆的展品中占据了显要的位置。

这个故事的教益在于，没有什么事情是理所当然的；化石记录可能充满了惊喜。

真正的问题是：如何才能获得这个关系的总体模式？长期以来，人们所使用的一般方法可以被简单描述为"只有我最了解"。这实际上完全是自封专家的观点，他们花大量时间研究某个特定的生物类群，然后总结出该类群相似性的总体模式；他们进行这项工作的方法可能差别很大，但最终首选的关系模式不外乎是基于他们自己的偏爱，而不是严格的、经过科学论证的解决方案。尽管这一方法在有限的生物类群中还算行之有效，但事实表明，要想恰当地讨论一种解释与另一种相比的有效性是非常困难的，因为归根结底，这些论点都是循环论证的，依靠的是选择某个个人的观点。

当生物类群数量众多、在许多细微方面都存在差异时，这一基本问题就凸显出来。昆虫或一些种类多到让人晕头转向的硬骨鱼类群就是很好的例子。如果科学界普遍乐于承认某位科学家在某一时期的权威性，那么表面上一

切都好。然而，如果专家们不能达成一致，最终的结果就
是令人沮丧的循环争论。

在过去的40年里，一个被证明更有科学价值的新方
法已逐渐被采纳。它不一定会给出正确答案，但它至少更
能经受严格的科学检验和真正的争论。现在这种方法已被
普遍称为分支系统学（系统发育系统学）。这一名称在很
大程度上让一些人感到恐慌，但这主要是因为关于分支系
统学在实践中如何运用，以及它的结果在进化关系中的总
体意义等方面还存在一些激烈的争论。幸运的是，我们不
需要过多考虑这种争论，因为其原理实际上非常简单和
明确。

进化分枝图是将当下研究的所有种联系在一起的分枝
的树状图解。为了建立分枝图，研究者需要编制一张表格
（数据矩阵），其中一栏列出所研究的种，与其相对应的是
每个种所展现的（解剖、生物化学等）特征的汇编。然后
根据它是拥有（1）还是没有（0）某个性状来给每个种"记
分"，或者在某些情况下不能确定，就用（？）来表示。
接着利用一系列专用计算机程序对产生的数据矩阵（可能
非常大）进行分析，这些程序的作用是对1和0的分布进

行评估，并产生一套统计数据，以确定不同的种所共有的性状的最简约分布。最后产生的进化分枝图是大量进一步研究的出发点，这些研究的目的是确定和了解共同模式或总体相似性的范围，以及数据可能具有的误导性或错误的程度。

由这种分析所产生的进化分枝图代表的只是所研究的动物关系的一种可行假设。树图上的每个分枝所指向的节点可以定义由共有的许多性状特征联系在一起的物种所构成的类群。利用这些资料可以有效地建立一种系谱或系统发育关系，以代表该类群总体进化历史的模型。例如，如果将已知每个种出现的地质年代标在模式图上，就有可能揭示该类群的整个历史，以及各个不同的种可能起源的大致时间。这样，进化分枝图就不仅仅简单代表了各个种的空间排列，而是开始类似于真正的系谱了。显然，以这种方法产生的这些系统发育关系实际上仅对应于可利用的数据，随着新的、更好或更完整化石的发现，以及新分析方法的出现或旧方法的改进，这些数据以及评估它们的标准也会发生变化。

这项工作的目的是帮助绘制一幅尽可能精确的生命进

化历史的图画，在本书的特例中，就是恐龙的进化历史。

## 恐龙的进化史：简介

对恐龙进化的这类系统研究的一个有趣例子是芝加哥大学的保罗·塞雷诺（Paul Sereno）的工作。在过去的 20 年里，塞雷诺花费了大量时间研究恐龙的分类和总的进化史。图 28 总结了这一工作，给我们提供了一个非常简略的概观。

恐龙类在传统上被认为（正如欧文极具洞察力的预见）属于爬行动物，腿呈直立姿态，髋部和脊柱之间有特别牢固的连接，以帮助柱状的腿有效地承担身体的重量。这些变化赋予早期恐龙一些非常有价值的优势：柱状的腿可以非常有效地支持惊人的体重，因而恐龙可以长成体型巨大的动物；而且，柱状腿可以跨越很大的步幅，这意味着一些恐龙能够很快地移动。在恐龙统治地球的整个过程中，它们都非常有效地利用了这两个特征。

尽管所有恐龙都享有这些关键特征，但它们还可以分成两种不同的类型：蜥臀目（从字面上来讲，就是"具有蜥蜴状的臀部")和鸟臀目（"具有鸟类状的臀部"）。正如其名称所示，这些恐龙的差别主要在于它们髋部骨骼的结构，尽管其他一些较细微的解剖特征在区别这两个主要类型时也很重要。这两个恐龙类群的最早成员都在卡尼期的岩石中（至少225 Ma）得到了确认，但一直未能识别出最早的恐龙，或者不能确认最早的恐龙严格来说是蜥臀目、鸟臀目，还是不属于两者中任何一类的恐龙。

## 蜥臀目恐龙

蜥臀目包括两个主要类群。蜥脚形亚目以体型较大的恐龙为主，具有柱状腿，特别长的尾巴，长脖子上长着小脑袋，颌骨上排列着钉状的简单牙齿，显示它们主要以植物为食。这个亚目包括梁龙类、腕龙类（图31）和雷龙类等巨大恐龙类群的成员。兽脚亚目与它们的蜥脚形亚目近亲明显不同。它们几乎全部为双足行走的恐龙（图30、31），动作敏捷，多为肉食动物。臀部一条肌肉发达的长尾巴起着平衡身体前部的作用，使前臂和双手可以用来自由地抓取猎物；它们的头往往相当大，颌骨上排列着像餐刀一样的锋利牙齿。这一类型的变化范围从类似美颌龙这样通常被归入腔骨龙类的体型颇为小巧的恐龙，一直到像霸王龙这样颇具传奇色彩的巨大恐龙，而其他同样巨大且可怕的兽脚亚目包括巨霸龙、异龙、重爪龙和棘背龙。尽管这些恐龙中的某几个可能很有名，但这一类群作为一个整体显示出了非同寻常的多样性，某些个例还相当奇特。例如，最近发现的镰刀龙类看起来似乎是动作迟缓的巨大恐龙，手上长有像镰刀一样的长爪子，腹部巨大，脑袋却小得有点滑稽，颌骨上排列的牙齿更容易使人联想到植食性动物，而不是传统的肉食者。但是，其他被称为似鸟龙类和窃蛋龙类的兽脚亚目恐龙的身体结构很轻，与鸵鸟颇为相似，完全没有牙齿（因而像现生鸟类一样长有喙）。在这个类群的所有恐龙中最有趣的当属被称为驰龙类的亚群。

驰龙类包括像迅猛龙和恐爪龙这样的著名恐龙，以及最近发现的许多相似的、但不如它们有名的恐龙。它们的特别有趣之处在于其骨架的解剖特征与现生鸟类非常接近；的确，相似程度如此之大，以至于它们被认为是鸟类的直接祖先。中国辽宁省一些地方引人注目的新发现展示

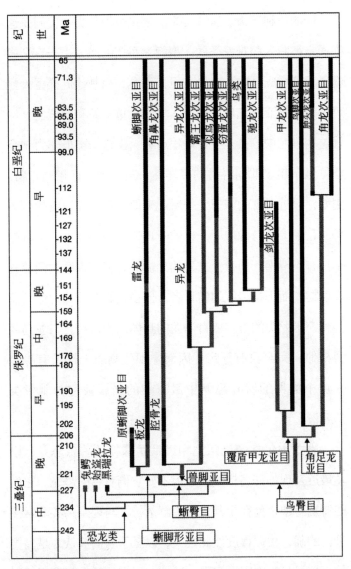

**图 28 恐龙的进化分枝图**

了保存条件异常良好的兽脚亚目驰龙亚群恐龙，它们的身体覆盖着角蛋白纤维（类似形态粗糙的毛发），在一些例子中，还覆盖着像鸟类一样的真正羽毛，这强化了它们与现代鸟类的相似性。

## 鸟臀目恐龙

所有鸟臀目恐龙都被认为是食草的，并且与今天的哺乳动物类似的是，它们似乎比其可能的捕食者要更多样化，数量也更丰富。

覆盾甲龙亚目（图 28）是鸟臀目中的一个主要类群，其特点是它们的体壁上具有骨板，尾巴上装饰有尾槌或长钉状构造，运动方式几乎毫无例外地为四足行走。这类恐龙包括以标志性的剑龙（因其极小的脑袋、背上排列的大骨板，以及长钉状的尾巴而著名，参见图 31）命名的剑龙类，以及披有重甲的甲龙类，它包括像真板头龙这样的恐龙。后者是像坦克一样的巨大动物，身上覆盖有非常厚重的甲板，甚至眼睑上都有骨片加固，尾巴末端长有一个巨大的骨质尾槌，据推测可能用它来击打潜在的捕食者。

**图29** 恐爪龙。从骨骼到肌肉的复原。或许它也具有细丝状的覆盖物？

角足龙亚目（图28）与覆盾甲龙亚目差别很大。它们的典型特征是体重很轻，不披甲，双足行走，但也有少数的确又回复到四足行走的运动方式。鸟脚次亚目是角足龙亚目中的一个主要类群。这些恐龙中多数体型中等大小（2—5米长），数量相当丰富（很可能填补了今天的羚

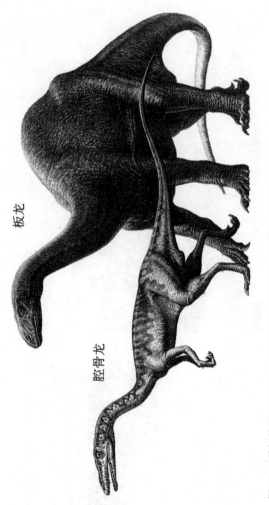

图 30 三叠纪的蜥臀目恐龙。早期兽脚亚目腔骨龙和蜥脚形亚目板龙。

板龙

腔骨龙

羊、鹿、绵羊和山羊所占据的生态位）。这些动物，例如

棱齿龙，在臀部保持平衡（就像兽脚亚目一样），具有适

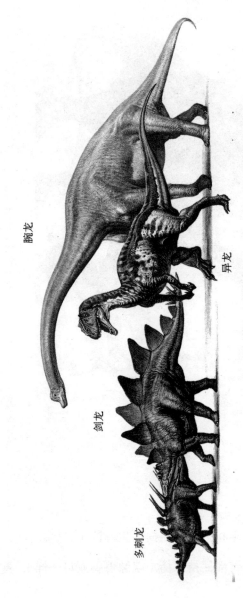

**图 31** 侏罗纪鸟臀目的覆盾甲龙亚目：多刺龙和剑龙。蜥臀目的兽脚亚目异龙和蜥脚形蜥脚亚目腕龙。

腕龙

异龙

剑龙

多刺龙

于快速奔跑的细长腿和能抓握的手，此外最重要的是，其牙齿、颌骨和面颊适于吃植物性食物。在恐龙统治地球的整个时期，小型至中等大小的鸟脚次亚目恐龙相当丰富，但在中生代期间，许多较大型的恐龙演化出来；它们被称为禽龙类（因为其中包括像禽龙这样的动物）。在所有禽龙类中，最重要的是北美和亚洲晚白垩世特别众多的鸭嘴龙类。在这些恐龙中，有些（但不是所有的）确实具有很像鸭嘴形态的口鼻部，另一些具有变化范围很大的、颇为张扬的中空嵴状头饰（参见第七章）；这种头饰可能被用于在社交时发出信号，特别是发出响亮的、像喇叭一样的声音。头饰龙类是角足龙亚目中的另一个主要类群，出现于白垩纪。这个类群包括奇特的肿头龙类（"厚头恐龙"）；它们身体的大致面貌与鸟脚次亚目恐龙十分相似，但它们的头看起来很奇特——大多数头顶上有一个高高的骨质隆起，看起来隐约有点像鸭嘴龙类的头饰，只是肿头龙类的头饰是由实心的骨骼构成的。有人认为这些恐龙是白垩纪地球上"以头相撞的动物"——或许以类似于今天的某些偶蹄动物那样的方式。

最后还有角龙次亚目，这一恐龙类群包括序言中提到的传说中的原角龙，以及著名的三角龙（"长有三只角的脸"）。它们的颌骨前端都长有狭窄的单个喙，头骨的后缘往往具有皱领状的骨质颈盾。虽然它们中有些——特别是早期类型——保持了双足行走的生活方式，但相当多的种类身体长得很大，具有增大的头部，头上装饰有褶边似的巨大颈盾，眉毛部位和鼻子上长有大角。它们巨大的身体和沉重的头部导致其采用了四足行走的姿态。另外，人们还注意到了它们与现代犀牛的相似性。显然，正如这个过于简短的概述所示，根据过去 200 多年所获得的发现来判断，恐龙数量多、种类杂。即使到目前为止已有大约 900 个恐龙属为人们所知，这也仅仅是中生代统治地球 1.6 亿年的恐龙中的极小部分。遗憾的是，这些恐龙中有许多将永远不会为人们所了解：它们的化石根本没有保存下来。另一些将会在未来的日子里被坚韧不拔的恐龙猎人们找到。

### 恐龙分类学和古生物地理学

这类研究可能产生有趣的、有点令人意想不到的副产品。这里要提及的一个副产品将系统发育学与地球的地理历史联系了起来。事实上，地球可能对生命的总体模式产生了深远的影响。

地球的地质年代表是通过悉心分析裸露于世界各地的岩石序列的相对年龄而拼接起来的。有助于完成这个过程的一个重要因素是岩石中所包含的化石证据：如果采自不同地区的岩石中含有种类完全相同的化石，那么就可以相当有把握地认为这些岩石具有同样的相对年龄。

以大致相同的方式，来自世界不同地区的化石相似性的证据开始显示，各个大陆的位置可能不像今天看起来那么固定。例如，有人注意到，南大西洋两岸的岩石以及其中包含的化石似乎非常相似。而在巴西和南非面貌极为相似的二叠纪岩石中都发现了一类小型水生爬行动物，即中龙。早在 1620 年，弗朗西斯·培根（Francis Bacon）就指出，美洲、欧洲和非洲的海岸线看起来非常相似（参见图 32d），就好像它们能像两块巨大的拼板玩具一样组合起来。基于化石、岩石以及总体形态相一致的证据，德国气象学家艾尔弗雷德·魏格纳（Alfred Wegener）于 1912 年提出，在过去的年代里，地球上的各个大陆一定占据着与它们今天所处的地方不同的位置，例如，在二叠纪时期，美洲与欧洲和非洲紧靠在一起。由于魏格纳不是一位经过训练的地质学家，他的观点被人们忽略了，或者被认为是无意义的和无法证明的猜测而不予接受。尽管它的说服力似乎不言而喻，但魏格纳的理论缺乏一种机制：常识告诉我们，不可能在地球的固体表面移动像大陆那么大的物体。

然而，常识被证明是靠不住的。在20世纪50年代和60年代，一系列的观察资料积累起来，支持了魏格纳的观点。首先，所有主要大陆的详细模型显示，它们的确可以非常完美地组合在一起，其一致性无法以偶然来进行解释。第二，当各个大陆像拼板玩具一样重新组合在一起时，不同大陆的主要地质特征是连续的。最后，古地磁极的证据证明了海底扩张现象——即大洋底像巨大的传送带一样承载着各个大陆移动，大陆岩石地磁的历史遗迹亦证实，各个大陆确实在时间的长河中发生了移动。实际上，推动大陆移动的"发动机"就是地球内部地核中的热量以及地幔层中岩石的流动性。板块构造理论解释了随着时间的推移，各大陆在地球表面移动的现象，现在这个理论已经得到了普遍接受和证实。

从恐龙进化的观点来看，板块构造理论所带来的启示非常有趣。主要依据古地磁和详细的地层学研究而对过去各大陆形态所进行的重建显示，在所有大陆起源的时候，它们都聚集在一起，是一个单一的巨大陆块，称为泛古陆（"整个地球"）（图32a）。可以说这时恐龙能够在地球上到处漫步，而与这种现象相对应的情形是，种类颇为相似的化石遗存（兽脚类和原蜥脚类）在几乎所有的大陆上都有发现。

在随后的时期，即侏罗纪（图32b）和白垩纪（图32c），很明显，力量超强的地壳构造传送带缓慢但不停地使泛古陆扭曲、瓦解，超级大陆开始分裂。这个过程的最终结果是，在白垩纪结束的时候，尽管在地理布局上仍存在差异（特别注意图32c中印度的位置），但地球上已出现了一些我们看起来非常熟悉的大陆。

根据化石判断，最早的恐龙似乎分布于泛古陆的大多数地区。然而，在侏罗纪和随后的白垩纪时期，实际情况显然是，统一的超级大陆逐渐被涌入其间的海道分开，成为和大陆一般大小的碎块，这些碎块又逐渐漂移、分离。

　　大陆分离这一固有（受地球制约的）过程在生物学上的一个必然结果是，曾经世界性分布的恐龙居群开始逐渐分化和隔离。隔离现象是生物进化的基础之一——一旦被隔离，生物种群往往会经历进化的过程，以适应它们周围环境的局部变化。在本书的例子中，虽然我们涉及的是比较广大的地区（大陆），但每个陆块都包含着自己的恐龙居群（以及相关的动物和植物群）；随着时间的流逝，每个居群都有机会独立进化，以适应环境的局部变化，这些变化是由诸如纬度、经度、附近的洋流以及盛行的大气条件等因素的逐渐变化而引起的。

　　逻辑推理告诉我们，实际情况显然应该是，中生代的大陆构造事件影响了恐龙进化历史的范围和总体模式。的确，随着时间的推移，祖先类群的逐渐分化一定在很大程度上加速了该类群作为一个整体的多样化，这样的推测似乎非常合理。正如我们可以用进化分枝图来代表恐龙的系统发育关系，我们也可以将整个中生代地球的地理历史描述为随着各个大陆区域与泛古陆地球"祖先"的脱离而产生的一系列分枝事件。当然，这一大致的方法只是对真正地球历史的简化，因为有时大陆块会拼接在一起，使先前

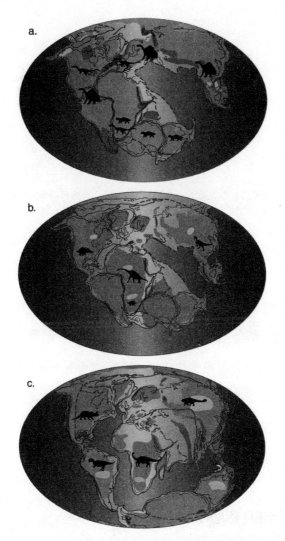

**图 32** 变化的大陆。a. 三叠纪时期,被称为泛古陆的单一超级大陆。b. 中侏
罗世时期。c. 早白垩世时期。注意,随着各个大陆彼此分开,恐龙的
外貌变得越来越多样化。

**图** 32(d) 今天的各个大陆。如果将大西洋封闭，美洲和西非便会完美地组合在一起。

相互隔离的种群融合起来。但至少作为初步概括，它为研究地球历史上一些更大规模的事件提供了一个丰饶的领域。

如果这个恐龙自然历史的模式大体上是真实的，我们也许可以期待通过调查各种恐龙的详细化石记录，以及整个中生代大陆分布的构造模式来发现某些支持它的证据。这种研究方法近年来已得到发展，用于探索恐龙进化历史上出现的一致模式，以及它们的进化历史是否与其地理分布相呼应。

## 鸟脚次亚目恐龙的进化

这一研究领域的最早工作开始于 1984 年，所涉及的是一类与我们所熟悉的禽龙关系相当密切的恐龙类群。这类恐龙在总体上被称为鸟脚次亚目（"鸟类般的脚"——源自这些恐龙足部结构与现代鸟类表面上的细微相似性）。通过详细比较当时已知的许多鸟脚次亚目恐龙的解剖特征，得出了一个进化分枝图。为了将这个分枝图转化为真正的系统发育关系，还需要将该类群已知的时间和地理分布标在分枝图上。

通过这样的分析，这些鸟脚次亚目恐龙的历史呈现出一些令人惊讶的模式。首先，它似乎表明，与禽龙亲缘关系最近的类型（就是被称为禽龙类的类群中的成员）及与其关系最近的近亲（鸭嘴龙科的成员）的起源很可能是晚侏罗世时期大陆分离的结果。可能演化出这两个类群的祖先居群在这个时期被一条海道分开。伴随着这次隔离，一个居群在亚洲演化成鸭嘴龙类，而禽龙类则在其他的地方演化。这两个类群从晚侏罗世到早白垩世时期似乎是彼此独立演化的。然而，在白垩纪的后半段，亚洲又与北半球的其他各大陆重新连接在一起，于是生活在亚洲的鸭嘴龙类显然能够几乎不受阻挡地扩散到整个北半球，无论在哪里接触到禽龙类，便将它们取而代之。

虽然禽龙类在晚白垩世时期被鸭嘴龙类替代的模式看起来相当一致，但还有一两个令人迷惑的反常现象需要进行研究。

曾经有一些写于 20 世纪初的报告，描述了产自欧洲（主要是法国和罗马尼亚）白垩纪最晚期岩石中的禽龙类。从上面的分析可知，这类恐龙应该不会存活到晚白垩世时期，因为在任何其他地区，进化模式都是鸭嘴龙类替代了禽龙类。20 世纪 90 年代早期，人们在罗马尼亚的特兰西瓦尼亚地区发现了保存最为完好的这类恐龙化石。然而，系统发育分析促使考察队重新调查这些发现。新的研究证明，这种恐龙不是禽龙的近亲，而是代表了鸟脚次亚目一个较原始类群的延续时间异常持久的（残遗种）成员。这类恐龙被赋予了一个全新的名字：查摩西斯龙。因此，初步分析的成果之一是有关一类古老的、但显然不为人们所深入了解的恐龙的大量新资料。

发表于 20 世纪 50 年代的一篇报告指出，在早白垩世时期的蒙古生活着一类与禽龙非常相似的恐龙。这篇引人浮想连翩的报告也需要进一步调查，以检验这类恐龙异常的地理分布范围——亚洲早白垩世时期——究竟是真实的，还是像罗马尼亚的例子一样，又是一个错误鉴定其类别的事例。这份破碎的化石材料保存在莫斯科的俄罗斯古生物博物馆，必须对其进行重新检验。得到的结果又一次出乎预料。这次早先的报告被证明是正确的，禽龙属本身似乎确实存在于早白垩世时期的蒙古，那里发现的化石碎块与欧洲非常知名的禽龙没有区别。

这第二个发现与1984年的分析中所建立的进化和地理假说并不完全一致。的确，近年来在亚洲以及北美能被最恰当地描述为"中"白垩世的时期出现了一批非常有趣的类似禽龙的鸟脚次亚目恐龙。这些最近的、正在不断积累的证据表明，最初的进化和地理模式存在许多重大缺陷，而后续的研究和新的发现会使这些缺陷逐渐暴露出来。

## 恐龙：全球展望

近年来，这个方法得到了更为广泛的应用，目标也更为远大。伦敦大学学院的保罗·厄普丘奇（Paul Upchurch）和剑桥的克雷格·胡恩（Craig Hunn）希望通过考查大量的恐龙来探索整个恐龙类的系谱树，以便寻找地层分布模式以及进化分枝模式中相似性的证据。他们接着又将研究结果与当前确立的在整个中生代的时间段内大陆的分布相比较，试图查明是否的确存在一个总的信号，表明地壳构造格局对整个恐龙进化历史的影响。

尽管这个研究体系中不可避免地存在"杂音"——主要是由于恐龙化石记录的不完整而引起的，但令人鼓舞的是，研究者注意到在中侏罗世、晚侏罗世和早白垩世的时间段内出现了统计学上有效重合的模式。这说明，正如我们所预料的那样，地壳构造事件的确在决定特定的恐龙类群繁盛的地点和时间方面起到了某些作用。不仅如此，这种作用在其他生物化石的地层和地理分布中也保存下来了。因此可以说，大量生物样本的进化历史都受到了地壳构造事件的影响，而且其印记至今仍伴随着我们。从某种意义上来说这并不新鲜。我仅需指出有袋类哺乳动物的不寻常分布（现今仅发现于美洲和澳大拉西亚），以及现代世界的不同地区都拥有自己特有的动、植物群这样的事实。这项新的研究给予我们的启发是，我们可以比自己曾料想的更精确地追踪这些分布的历史原因。

第五章

# 恐龙和热血

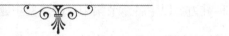

恐龙的许多研究领域引起的关注度远远超出了人们对这些动物纯学术兴趣的范畴。这一普遍兴趣的出现似乎是由于恐龙唤起了公众的想象力，几乎没有其他对象能有这种魅力。以下各章节集中介绍这些主题，以便阐明在我们试图解开恐龙及其生物学之谜的过程中所运用的极为多样的研究方法和信息类型。

## 恐龙：热血、冷血，还是不冷不热的血？

正如我们在第一章中所看到的，理查德·欧文在他发明"恐龙"一词的时候，就对恐龙的生理特征进行了推测。从他科学报告相当冗长的最后一句摘录大意如下：

恐龙……也许可以断定……能较好地适应陆地生活……
接近于现代内温脊椎动物 [ 也就是现生哺乳动物和鸟类 ] 的
特征。

（欧文 1842：204）

尽管欧文为水晶宫公园创造的"似哺乳动物"的恐龙
复原模型明显反映了他的观点，但当时他所暗示的生物学
含意却从未被其他科学工作者所领会。从某种意义上说，
欧文富有远见的分析被理性的亚里士多德逻辑中和了：恐
龙在结构上属于爬行动物，因此它必然皮肤有鳞，产带壳
的卵，而且，像所有其他已知爬行动物一样，是"冷血"
（外温）动物。

将近 50 年以后，托马斯·赫胥黎提出了与欧文相似
的观点。他认为，应该将鸟类和恐龙看作是近亲，因为现
生鸟类、已知最早的化石鸟类始祖鸟和新发现的小型兽脚
亚目恐龙美颌龙之间表现出了相似的解剖特征。他推断：

……一点也不难想象一类完全介于鸸鹋和美颌龙 [ 一种
恐龙 ] 之间的动物……以及这个假说，即……鸟纲的祖先是

恐龙类爬行动物……

（赫胥黎 1868：365）

如果赫胥黎是正确的，那么可能就会有人提出这样的问题：恐龙究竟是传统的爬行动物（在生理学意义上），抑或它们与"热血"（内温）的鸟类关系更密切？这样的问题似乎没有显而易见的解答方法。

尽管有这样颇具智慧的"暗示"，但在赫胥黎的文章发表将近一个世纪以后，古生物学家才开始以更大的决心寻找可能与这个中心问题相关的资料。与对该主题重新恢复的兴趣相呼应的是，人们采用了更广泛和更综合的方法来解释化石记录：即正如第二章中所概述的，**古生物学新流派**的兴起。我们看到罗伯特·巴克是如何将一些范围广阔的观察联系在一起，成为恐龙具有内温性的证据的。现在，就让我们更详细地评述这些观察以及其他论据。

### 新的研究方法：将恐龙作为气候指示器？

研究者们曾试图探究在多大程度上可以用化石来重建

古代地球的气候。人们普遍认为，内温动物（主要是哺乳动物和鸟类）并不是特别好的气候指示器，因为从赤道到极区，到处都可以发现它们的踪影。它们内温的生理特征（以及巧妙运用身体隔热的方式）使得它们的日常活动或多或少不受主要气候条件的限制。相反，外温动物，例如蜥蜴、蛇和鳄鱼，则依赖于周围的气候条件，因而它们主要生活在较温暖的气候带中。

运用这一方法来检验化石记录中明显的外温动物和内温动物的地理分布被证明是有益的，但另一方面也产生了几个有趣的问题。例如，在二叠纪和三叠纪时期，内温哺乳动物在进化上的直接祖先是怎样的？它们也能够控制自己身体内部的温度吗？如果能，那么这会如何影响它们的地理分布？而且就本文而论，更加突出的问题是，恐龙似乎具有广泛的地理分布，那么这是否意味着它们能够像内温动物那样控制自己的体温？

**化石记录中的模式**

巴克探讨恐龙内温性的基础是中生代早期动物类型演

替的模式。在一直到三叠纪末的这段时间内，下孔类爬行动物显然是陆地上最丰富多样的动物。

恰在三叠纪结束、侏罗纪开始的时候（205 Ma），地球上出现了最早的、真正的哺乳动物，以鼩鼱这样的小型动物为代表。与其完全相反的是，三叠纪晚期也记录了最早的恐龙的出现（225 Ma），而且在越过三叠纪／侏罗纪的界线之后，恐龙变得分布广泛，种类分化，而且显然是陆生动物群中占优势的成员。这种生态平衡——稀少、小型、很可能是夜间活动的哺乳动物和丰富、大型，以及越来越多样化的恐龙——从那时起一直保持了1.6亿年，直到白垩纪末（65 Ma）。

作为生活在现今的动物，我们所熟悉的一个概念是，哺乳动物连同鸟类是最引人注目和分异度最大的陆生脊椎动物。不言而喻，哺乳动物是行动迅速、有智慧、通常适应能力很强的动物，而我们将其在当今的"成功"主要归因于它们的生理特征：允许它们保持较高而恒定的体温的较高基础代谢率、复杂的身体化学组成、比较大的大脑和由此而拥有的较高的活动水平，以及它们作为内温动物的地位。相反，我们通常注意到，爬行动物的分异度要小得多，而且非常明显地受到气候的限制；这主要有如下原因，即它们具有很低的代谢率，依靠外部的热源使身体保持温暖，从而保持化学活性，并且具有很低的和间歇性的活动水平：一句话，归因于它们的外温状态。

无可否认，这些观察是很笼统的，但能使我们对化石记录有一些预测。在所有条件都相同的情况下，我们会预期，如果真正的哺乳动物在三叠纪 / 侏罗纪之交首次出现在本来被爬行类动物统治的地球上，将引发前者迅速的进化崛起和多样化，而后者面临的情况却相当不利。因此预计哺乳动物的化石记录应该在早侏罗世时表现出数量和多样性的快速上升，直到它们完全主宰中生代的生态系统。然而，化石记录却显示了截然相反的模式：（属于爬行类的）恐龙兴起，在晚三叠世（220 Ma）占据了统治地位，而哺乳动物只是在白垩纪末期（65 Ma）恐龙走向绝灭以后才开始在规模和多样性上有所扩大。

巴克对这一系列违反直觉的事件所作的解释是，面对真正的哺乳动物的威胁，恐龙只有在拥有像内温动物一样高的基础代谢率、能够像同时代的哺乳动物一样活跃和有智谋的情况下，才能取得进化上的成功。恐龙**必须**是活跃的内温动物——对于巴克来说，这是一个不证自明的真理。尽管化石记录所展现的模式确实很清楚，但支持他的"真理"的科学证据仍需收集和检验。

## 腿、头、心脏和肺

恐龙的脚垂直于身体之下，长在直立、柱状的腿上。在现生动物中，只有鸟类和哺乳动物也采取这种姿态；其他所有动物都是腿朝身体侧面伸出"趴卧"。许多恐龙也具有纤细的四肢，身体结构明显适于快速运动；这一系列的论据反映了这样的事实，即自然界往往不做不必要的事情。如果一个动物的身体结构看起来能够快速奔跑，那么它很可能就是这样的；因此预测这样的动物拥有一个充满活力的"发动机"，即内温的生理特征，使得它能够快速移动，这或许看上去就是合理的。然而，我们的确需要小心，因为事实上外温动物也可以非常迅速地移动——鳄鱼和科摩多巨蜥可以追上并抓住毫无戒备的人类！关键在于，鳄鱼和科摩多巨蜥并不能持续快速奔跑——它们的肌肉很快就会积累大量氧债，于是该动物就不得不休息，以使肌肉得到恢复。相反，内温动物能够快速移动的时间要长得多，因为它们高压的血液系统和高效的肺可以很快补充肌肉中的氧。

对这一论据进一步细化，可以联想到双足行走的能力是内温动物所独有的；许多哺乳动物、所有鸟类，以及许多恐龙都是两足动物。这一论据不仅与姿态有关，而且关系到如何保持这个姿态。四足着地的好处是行走的时候相当稳定。而双足动物天生不稳定，要想顺利行走，就必须有一个复杂的传感系统来控制平衡，还要有一个敏捷的协调系统（大脑和中枢神经系统），以及反应迅速的肌肉，来调整和保持平衡。

大脑是这整个动力"问题"的中心，必须具备持续快速和高效工作的能力。这意味着身体能够提供恒定的氧、食物和热量补给，以使大脑的化学组成一直保持最佳的工作状态。这种稳定性的先决条件就是"平稳"的内温生理机能。外温动物周期性地停止活动（例如在寒冷的时候），并减少对大脑的营养供应，因而大脑必然较不复杂，且与整个身体的功能紧密结合在一起。

另一个与姿态有关的观察可以与心脏的效率及其承受

高水平活动的潜力联系在一起。许多鸟类、哺乳动物和恐龙采取了直立的身体姿态，其头部的位置通常保持在略高于心脏的水平上。头和心脏位置的差异具有重要的流体静力学意义。由于头位于心脏之上，动物必须能以较高的压力将血液输送到"上面"的大脑中。但每次心跳的同时从心脏输送到肺部的血液必须以较低的压力循环，否则就会使布满肺部的脆弱毛细血管破裂。为了实现这个压力差，哺乳动物和鸟类的心脏实际上从中间分隔开了，因而心脏的左侧（体循环，或者说头和身体的循环）运转时的压力比右侧（肺循环）高。

所有现生爬行动物的头部都与它们的心脏处于大致相同的水平上。它们的心脏不像哺乳动物和鸟类那样从中间分隔开，因为它们不需要区分体循环和肺循环。奇怪的是，爬行动物的心脏和循环系统为这些动物带来了好处；它们能够以哺乳动物所不具备的方式向身体各处分流血液。例如，外温动物花大量时间晒太阳，以使身体暖和起来。在晒太阳时，它们可以优先将血液分流到皮肤，以更好地吸收热量（颇像太阳能电池板中央加热管中的水）。这个系统的主要缺陷是血液不能在高压下循环——而对于任何行为非常活跃、必须将食物和氧供应给辛勤工作的肌肉的动物来说，这都是一个必不可少的特征。

综合所有这些因素得出的结论是，由于其身体的姿态，恐龙具有高压的血液循环系统，这与仅发现于现生内温动物中的较高且稳定持久的活动水平相一致。这些更全面和详尽的考虑因素极大地支持了理查德·欧文引起争议的推测。

与心脏和血液循环系统效率密切相关的应该是给肌肉供应足够的氧的能力，以使动物能够进行高水平的有氧活动。在一些恐龙类群中，尤其是兽脚亚目和巨大的蜥脚形亚目恐龙，存在某些与肺部结构和功能有关的解剖迹象。在蜥臀目（而不是鸟臀目）恐龙的这两个类群中，脊柱的

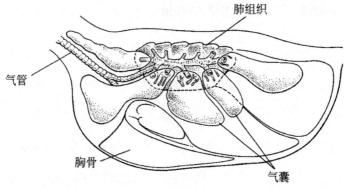

**图** 33 鸟类的气囊提供了非常高效的呼吸系统

椎骨侧面有明显的袋状或腔状痕迹（称为侧腔）。孤立地看，这些特征也许不会引起特别的注意；然而，现生鸟类显示了相似的特征，也就是气囊的存在。气囊是一个像风箱一样的结构中的一部分，它使得鸟类可以非常有效地呼吸。蜥臀目恐龙极有可能拥有像鸟类一样的肺，因而它们的肺非常高效。

这一观察结果无疑支持了某些恐龙（兽脚亚目和蜥脚形亚目恐龙）具有保持高水平有氧活动能力的论点。然而，它也强调了这样一个事实，即不能认为所有恐龙（蜥臀目和鸟臀目）的生理机能在所有方面都是相同的，因为鸟臀目没有显示出气囊系统的迹象。

## 恐龙的“复杂性”和大脑容量

尽管以下的一连串论据对于恐龙来说并不具有普遍性，但它们在显示**某些**恐龙具有哪些能力等方面是有意义的。典型的例子是约翰·奥斯特罗姆的驰龙类的恐爪龙（图29）。正如在第二章中所总结的，这类恐龙是大眼睛、视觉良好的捕食者，从其四肢比例和大致体型判断，它显然能够快速奔跑。此外，它有一条奇特的窄而僵硬的尾巴，后腿长有像鱼叉一样突出的内趾，以及长有锋利的爪子并且能抓握的长前肢。人们认为这种动物按其身体结构应属于追击型捕食者，能用狭窄的尾巴帮助保持动态平衡（将尾巴向一侧或另一侧拍打可以使该动物极为迅速地改变方向），很有可能迅速扑向猎物，然后用后腿上的爪子使其失去反抗能力，这些看法并不是毫无道理的。我们从未见过活动中的恐爪龙，但这个情景依据的是骨架上可观察到的特征，同时也得到了一件发现于蒙古的不寻常化石的部分支持。

这块化石包含了两只恐龙，小型的食草角龙类原角龙和一个叫做迅猛龙的恐爪龙近亲。这件与众不同的标本显示，这两只恐龙陷入了生死搏斗；它们可能是在互相格斗的时候在尘暴中窒息而死。化石中的迅猛龙用伸长的前臂紧紧抓住猎物的头，正要向它不幸的受害者的喉咙踢去。

这种在身体结构、（推测出的）功能以及生活方式上的全方位的"复杂性"强有力地表明，它们的活动水平与现代内温动物所展现出来的活动水平更为相似。

哺乳动物和鸟类的大脑都很大，而且两个类群都表现出看起来颇有智慧的行为，这在讨论有关恐龙双足运动能力时所呈现出的一些论据中有所反映。相反，外温的爬行动物具有较小的大脑，通常没有智能超凡的声誉（虽然这在某种程度上是我们的杜撰）。然而，大脑总容量与内温性之间似乎的确存在普遍的联系。较大的大脑是高度复杂的结构，为了有效运转，它需要不断的氧和食物供给，还要保持恒定的温度。外温爬行动物显然能够有效地给自己的大脑提供食物和氧，但它们的体温会在正常的 24 小时周期内不断变化，因此它们不能满足一个大而复杂大脑的需要。

传统上认为，恐龙缺乏脑力是出了名的（剑龙像胡桃一般大小的脑经常被作为典型例子引用）。然而，芝加哥大学的吉姆·霍普森（Jim Hopson）做了大量工作来纠正这个在某种程度上错误的观点。霍普森通过比较包括恐龙在内的一系列动物脑容量与身体体积的比值，证实了大多数恐龙都具有相当典型的爬行动物尺寸的大脑。然而，有些恐龙的"大脑区域"出人意料地得天独厚——或许并不令人惊讶，它们就是高度活跃、双足行走的兽脚亚目恐龙。

## 纬度分布

本章开始的时候曾提到过，绘制分布数据图是从事恐龙生理状况研究的推动力之一。最近，有研究报告记叙了出自北美育空地区以及澳大利亚和南极洲的许多恐龙。这些区域在白垩纪时期应该都属于各自的极地范围，并且一直被用来支持恐龙要想存活下来就必须是内温动物的观点。毕竟，今天的情形显然是，外温的陆生脊椎动物无法在这样高的纬度生活。

然而，进一步的认真研究发现，这些观察结果并不像它们初看起来那么令人信服。来自植物化石记录的证据表明，在白垩纪时期，这些极地区域生存着地中海和亚热带类型的植物。异乎寻常的是，这些植物共有季节性落叶的特征，很可能是适应冬季较低的光线水平和温度的结果。白垩纪时的地球没有显示出存在极地冰盖的证据，很可能甚至在高纬度地区，起码夏季气温是非常温和的。在这种环境下，食草的恐龙极有可能依季节变化而向北或向南迁徙，以便利用丰富的牧草。因此，在中生代纬度很高的地区发现它们的化石遗迹可能只是反映了它们迁徙的范围，而不是在极地的定居。

## 生态因素

测量中生代的群落结构是巴克在寻找恐龙生理机能替代模式的过程中提出的最具创新性的观点之一。这个想法说来十分简单：内温动物和外温动物生存所需要的食物总量有所不同——这个总量反映了与作为内温动物或外温动物相关的基本"运行成本"。内温动物，例如哺乳动物和鸟类，具有较高的运行成本，因为它们吃掉的大部分食物（超过80%）都燃烧了，以保持身体的温度。相反，外温动物所需的食物要少得多，因为它们只用很少的食物为身体产生热量。大致说来，在身体大小相同的情况下，外温动物仅需要内温动物食物需求量的大约10%，有时则更少。

根据这个观察结果，以及认为自然界总的经济体制往往是保持供给和需求大体平衡的观点，巴克提出，对化石群落的种群普查或许能显示捕食者和猎物之间的平衡，也能揭示这些动物的生理机能。他详细考察了各博物馆的标本，收集他所需要的资料。这些资料包括远古（古生代）爬行动物、恐龙（中生代）和相对较近的（新生代）哺乳动物群落。他的结果似乎很令人鼓舞：古生代的爬行动物群落显示捕食者和猎物的数量大致均等；相反，恐龙和新生代哺乳动物群落显示被捕食动物占优势，捕食者的数量则非常少。

最初，这些成果引起了科学界的关注；然而现在，原始资料的价值引起了颇多怀疑。利用博物馆的标本来估计捕食者或被捕食者的数量是极不可靠的：首先，没有证据显示被统计的动物都生活在一起；从博物馆当时收藏什么（或不收藏什么）的角度来说，存在着很大程度的倾向性；有关捕食动物吃什么或不吃什么，学者作出的都是形形色色的假设；而且，即使存在某些生物学信息，也必然是仅适用于捕食动物的。此外，对现生外温捕食动物及其猎物的群落所做的研究显示，捕食动物可能少至它们潜在猎物数量的 10%，与巴克所推测的内温动物群落的比例相仿。

这是一个由于资料原因无法产生有任何科学意义的结果，而使一个充满智慧的想法令人惋惜地不能获得支持的极好例子。

## 骨组织学

研究者对了解恐龙骨骼的内部详细结构给予了极大的关注。恐龙骨骼的矿物结构一般不受石化作用的影响。因此，通常可以制作骨骼的薄片，揭示骨骼内部结构（组织结构）的惊人细节。初步观察显示，恐龙骨骼的内部结构与现生内温哺乳动物的骨组织极为相似，而不同于现代外温动物。

大体上说，哺乳动物和恐龙的骨骼显示了高度的血管化（它们是多孔状的），而外温动物的骨骼则血管化程度很低。高度血管化的骨骼结构类型可以以不同的方式形成。例如，血管化的一个模式（羽层状纤维化）反映了非常快速的骨骼生长阶段。另一个模式（哈弗氏系统）则代表了在动物个体生命的晚些时候发生的通过重建来强化骨骼的阶段。

可以肯定的是，许多恐龙化石显示出的证据表明它们能够快速生长，并且有能力通过内部重建来强化其骨骼。在恐龙的生长模式中有时表现出周期性的中断（这与现生爬行动物骨骼中所存在的间歇模式极为相似），但这种生长方式并非在所有恐龙类群中一律如此。同样，某些内温动物（包括鸟类和哺乳动物）显示出血管化程度极低的骨骼结构类型（带状的），而现生外温动物骨架的有些部分则可能呈现出高度血管化的骨骼，尽管这些情况出现的概率要小得多。令人不可思议的是，动物的生理机能及其骨骼内部结构之间并没有明显的关联。

## 恐龙的生理机能：概述

上述讨论举例说明了在试图研究恐龙新陈代谢的过程中所运用方法的范围和种类。

罗伯特·巴克在评价早侏罗世哺乳动物在陆地上被恐龙所取代的意义时采取了不加怀疑的态度。他主张，这个模式只能这样解释，即恐龙能够与他的"高级"内温哺乳动物模型相抗衡；而要做到这一点，它们就必须是内温动物。这是真的吗？实际上答案是：不……不一定。

在三叠纪结束、侏罗纪刚刚开始的时候，地球对于作为哺乳动物的人类来说并不是一个特别适宜居住的世界。当时泛古陆的大部分地区都受到季节性的、但总的来说干旱的气候条件的影响，沙漠在全球广泛分布。这种温度高、降雨量小的环境以极不相同的方式对内温和外温的代谢作用施加选择性的压力。

正如前面所讨论的，外温动物所需要的食物比内温动物少，因而在生物生产率低的时候幸存的可能性更大。爬行动物的皮肤上长有鳞片，在干旱的沙漠环境下可以极大地防止水分丢失；它们也不排尿，而是排泄干燥的面糊状物质（与鸟粪相似）。较高的周围环境温度对于外温动物来说很有利，因为它们内部的化学性质在最适宜的温度下可以相对容易地保持下来。总而言之，可以预测，按典型的爬行动物模式构成的外温动物能够很好地克服像沙漠这样的环境条件。

内温动物，例如哺乳动物，在高温条件下会受到生理应力的作用。哺乳动物"适应"了从身体向周围环境散热（它们身体的恒温调节装置使它们保持着高于正常环境温度的平均体温），并相应地调节它们的生理机能。在冷的时候，哺乳动物可以通过竖起毛发阻挡空气，因而增强隔热效率来减少热量从身体散失；利用"颤抖"使肌肉迅速产生额外的热量，或者提高基础代谢率。然而，在周围环境温度很高的情况下，向环境散热以防止致命过热的需要就变得至关重要了。蒸发冷却是少数可利用的选择之一；这可以通过喘气或皮肤表面排汗来实现。这两个过程都要从身体流失大量的水分。在水供应不足的沙漠环境下，水分流失的结果可能是致命的。使问题进一步复杂化的因素是，哺乳动物通过排尿将代谢的分解产物从身体排出，也就是通过含水溶液将废物冲出体外。除了热负荷和水分流失等问题，哺乳动物还需要大量的食物来维持它们内温的生理机能。沙漠是生产率很低的地区，因而食物供应有限，不能支持大量的内温动物种群。

从单纯环境的观点来看，晚三叠世／早侏罗世的世界或许是异乎寻常的。那个时候的环境很可能更有利于外温动物，并将早期哺乳动物限制在很小的体型和以夜间活动为主的生态位。在现今的沙漠中，几乎所有的哺乳动物（除了骆驼这一着实不同寻常的动物之外）体型都很小，且全部为夜行性的啮齿类和食虫类。它们通过穴居在沙漠表面之下挺过白天的极度炎热，那里的条件比较凉爽、潮湿；而夜里一旦温度下降，它们便爬出来，利用自己敏锐的官能寻找昆虫猎物。

随着泛古陆开始解体，较浅的陆缘海遍布在陆地之内和陆地之间，晚三叠世 / 早侏罗世极度干旱的气候终于得到了改善。总的气候状况似乎变得极其温暖和潮湿，而且这样的气候条件在很宽的纬度带内盛行。需要强调的是，在整个恐龙时代，极地区域均没有被冰所覆盖。与地球历史上的大部分时期相比，我们今天居住的世界是很不寻常的，它拥有被冰覆盖的北极和南极，因而具有纬度方向上界限非常狭窄的气候带。在侏罗纪这样草木相对繁茂的环境条件下，生产率显著提高；侏罗纪主要的含煤沉积层就是在长期拥有茂密森林的地区埋藏的。因此，发现侏罗纪时期恐龙的分布范围和多样性呈爆发式扩增或许就不令人惊讶了。

## 恐龙的生理机能：是唯一的吗?

恐龙因体型巨大而引起了人们的注意；即便是身长 5 到 10 米之间的中等大小的恐龙，以一般标准来衡量也仍然是非常大的——现今所有哺乳动物的平均身型可能约为猫或小狗一般大小。确实没有像老鼠一样大小的恐龙（除了刚孵化出来的小恐龙）。

在某些条件下，体型较大者具有优势。最显著的是，较大的动物向环境散热或从环境获得热量的速度往往比小动物要慢得多。例如，成年鳄鱼在白天和晚上保持了非常稳定的内部体温，而新孵化的小鳄鱼所显示的体温变化范围则恰好反映了白天和晚上温度的变化。因此，像恐龙一样大小意味着在时间改变时内部体温变化很小。大的体型也意味着保持身体姿势的肌肉需要努力工作，以防身体被自己的重量压垮。这种持续的肌肉"工作"会产生相当多的热量（与我们在肌肉锻炼以后热得"满脸通红"的情形是一样的），而这些热量可以帮助保持内部体温。

除了这些身型方面的优势，我们看到恐龙可能很敏捷，而且许多恐龙的姿态是头通常处于远高于胸部的位置。这两点表明它们很有可能拥有高效的、完全分隔的心脏，有能力使氧、食物和热量在体内快速循环，以及清除有害的代谢副产物。蜥臀目恐龙很可能拥有像鸟类一样的肺部系统这一事实，进一步强调了它们供氧的能力。这些氧是它们的组织在充满活力的有氧运动过程中所需要的。

假如仅仅考虑这些因素，恐龙似乎很可能拥有许多我们今天与内温性联系在一起的特征，正如现生哺乳动物和鸟类所呈现的特征那样。另外，恐龙通常很大，因而体温相对稳定。它们还生活在一个全球气候持续温暖、季节性不明显的时期。

实际情况可能是，恐龙是一种理想的生物类型的幸运继承者，这一类型使它们能够在盛行于中生代的独特气候条件下大量繁衍。然而，无论眼下这一主张看起来是多么令人信服，它都没有考虑到最近几年出现的另一条非常重要的证据：恐龙和鸟类的密切关系。

第六章

# 如果鸟类是恐龙会怎么样？

自从 20 世纪 70 年代约翰·奥斯特罗姆富于创造力的研究工作以来，恐龙和鸟类之间关系的解剖证据到现在已非常详细了，以至有可能重建驰龙类兽脚亚目恐龙向早期鸟类转变的各个阶段。

早期的小型兽脚亚目恐龙，例如美颌龙，具有像鸟类一样的外貌——细长的腿、长脖子、相当小的脑袋和非常大、朝前的眼睛——尽管它们仍然保留了明显的恐龙特征，例如带爪子的双手、颌骨上长有牙齿，以及厚重的长尾巴。

## 驰龙类兽脚亚目恐龙

这些像鸟类一样的恐龙显示出许多有别于兽脚亚目恐

龙身体基本结构的有趣的解剖变化。有些变化相当细微，而有些则不然。

一个值得注意的特征是尾巴"变细"：紧密排列的细长骨骼束使尾巴变得非常狭窄和僵硬，唯一灵活的部位是臀部附近（图 16 的上图）。正如先前所讨论过的，这个细长的杆状尾巴可能很有用，可以作为动态稳定器，帮助抓获快速移动、难以捕捉的猎物。然而，这种类型的尾巴明显改变了这些恐龙的姿态，因为对于身体的前半部分来说，它不再是一个肌肉发达的沉重悬臂。假如它的姿态不发生其他改变，那么这样一只恐龙就会失去平衡，不断向前摔倒，碰到鼻子！

为了补偿失去的沉重尾巴的作用，这些兽脚亚目恐龙的身体结构发生了微妙的改变：标志着肠道最后部的耻骨向后旋转，因而与坐骨（另一个位置较低的髋部骨骼）平行，而在兽脚亚目恐龙中，耻骨通常从每个髋臼指向前下方。由于这一方向上的改变，肠道及相关器官可以向后转动至臀部之下。这一改变使身体的重量后移，补偿了失去起平衡作用的沉重尾巴的缺憾。这种耻骨向后旋转的髋部骨骼结构不仅存在于手盗龙类兽脚亚目恐龙中，而且在现生以及化石鸟类中都可以看到。

　　另一个同样微妙的用于补偿失去保持平衡的尾巴的方式就是缩短臀部之前的胸腔，这种现象也见于这些似鸟的兽脚亚目恐龙。此外，胸腔还显示出变硬的迹象，这或许反映了这些动物捕食的习性。伸长的前臂和长有三只爪子的双手对于抓捕和制服猎物来说是很重要的，必须非常有力。胸部区域的加强无疑可以帮助安全地固定前臂和肩部，以承受与抓紧和制服猎物相关联的巨大力量。鸟类的胸部区域也较短并且非常坚硬，以承受固定强有力的飞行肌所需的力量。

　　在胸腔前方、两个肩关节之间，有一块 V 字形骨（实际上它是愈合的锁骨——图 17），其作用是像一块弹簧隔板那样将肩关节分开；在该动物与猎物搏斗时，它也帮助将肩关节固定在适当的位置。鸟类也具有愈合的锁骨；它们构成伸长的"愿骨"，即叉骨，它同样也起到机械弹簧的作用，在振翅飞行的时候将肩关节分隔开。

　　前臂和手部骨骼之间的关节也发生了改变，因而它们能够以相当快的速度和相当大的力量向外和向下转动，以所谓的"耙式"动作攻击猎物。在不用的时候，前肢可以紧靠着身体巧妙地收拢起来。这一系统的杠杆作用对于这些动物来说也有相当大的好处，因为给这一构造提供动力的前肢肌肉的位置靠近胸腔，它控制着从前臂向下延伸到手部的长肌腱（而不拥有沿前肢更靠外侧的肌肉）；这一遥控系统使体重更靠近臀部，帮助这些兽脚亚目恐龙将棘手的平衡问题减小到最低限度。前肢击打和收拢的机制与鸟类在飞行过程中和飞行之后张开和闭合翅膀时所采用的方式极为相似。

## 始祖鸟

似鸟的早期化石始祖鸟（图 16 的下图）显示出许多手盗龙类兽脚亚目恐龙的特征：尾巴是一组颇为细长的椎骨，两侧均固定着尾羽；髋部骨骼的排列形式是耻骨朝向后下方；在胸腔前面有一块像回飞棒一样的叉骨；颌骨上排列着小而尖的牙齿，而不是像更典型的鸟类那样的角质喙；前肢很长，带有关节，因而它们可以像兽脚亚目恐龙一样伸展和收拢，双手的三根手指上长有锋利的爪子，在排列和比例上与手盗龙类兽脚亚目恐龙相同。

**图 34** 始祖鸟的生活复原

　　始祖鸟标本是在特殊环境下保存为化石的，这使得一系列飞羽印痕的精美细节展现在人们眼前。这些长在翅膀上以及沿着尾巴两侧排列的羽毛决定了该动物被定义为鸟类：羽毛被认为是鸟类独有的特征。因此，毫无疑问，它指示了该动物与鸟类的亲缘关系。这就是为什么始祖鸟被认为是如此重要的化石，以及为什么它一直是这类比较的焦点的原因之一。假如在这一事件中羽毛没有得到保存下来的机会，那么该动物可能会被怎样分类这个问题会很有趣。它极有可能在最近几年被重新描述为一类不寻常的小型驰龙类兽脚亚目恐龙！

## 中国的奇迹

20世纪90年代，对中国东北辽宁省的采石场所进行的勘查出土了一些非同寻常的、保存特别完好的早白垩世化石。最初，这些化石中包含了保存精美的早期鸟类，例如孔子鸟，并且这些骨架包含了羽毛、喙和爪子的印痕。然后在1996年，季强（Ji Qiang）和姬书安（Ji Shu'an）描述了一具完整的小型兽脚亚目恐龙骨架，它在解剖特征和比例上与众所周知的兽脚亚目美颌龙（图14）十分相似。他们将该恐龙命名为中华龙鸟。这只恐龙引起了人们的注意，因为沿着它的脊柱和整个身体边缘分布着细丝状结构，表明它的皮肤上长有某种覆盖物，类似于粗制地毯上的"软毛"；在眼窝和肠道区域还有软组织的证据。很明显，一些小型兽脚亚目恐龙具有某种类型的身体覆盖物。这些发现促使人们共同努力在辽宁寻找更多这样的化石；标本开始越来越频繁地出土，并带来了一些真正激动人心的新发现。

中华龙鸟发现之后不久，又出土了另一具骨架。这种动物被命名为原始祖鸟，它首次显示了尾巴上及沿身体侧面分布的真正像鸟类一样的羽毛的存在，而且它的解剖特征比中华龙鸟更像驰龙类。另一个发现揭示了一类与迅猛龙极为相似的动物，但这次它被命名为中国鸟龙（它身上也同样明显覆盖着短的细丝状"软毛"）。更新的发现包括尾羽龙，即一类较大的（像火鸡一样大小）、前肢相当短的动物，以其一簇显著的尾羽和沿前肢周围较短的羽毛而著名；较小、长有浓密羽毛的驰龙类；以及在2003年的春天，一类相当引人注目的、长有"四个翅膀"的驰龙——小盗龙被公之于世。这最后一类体型较小，是典型的像驰龙一样的动物，具有标志性的长而窄的尾巴、像鸟类一样的骨盆、能抓握的长前肢，此外其颌骨上也排列着尖利的牙齿。尾巴周围长有初级飞羽，身体上覆盖着绒毛。然而，给人印象特别深刻的是它沿着前肢保存了飞羽，构成了像始祖鸟一样的翅膀。颇为出人意料的是，在它腿的下部也有像翅膀一样的羽毛边缘——因此得到了"四个翅膀"之名。

在如此短的时间内，辽宁的采石场中接二连三地出现了这些崭新的、令人震惊的发现，几乎难以想象接下来可能会发现什么。

## 鸟类、兽脚亚目，以及恐龙的生理机能问题

来自辽宁的惊人新发现对前文有关恐龙生物学和生理学特征的讨论作出了重要贡献；但是，它们能够回答的问题仍然无法像我们所希望的那样多。

首先，现在已经很清楚的是，我们维多利亚时代前辈的观点是不正确的：归根结底，有羽毛并不等于就是鸟类。兽脚亚目恐龙中似乎广泛存在着许多类型的皮肤覆盖物，从粗糙的细丝状覆盖物，到柔软的、类似羽毛的身体覆盖物，再到完全成形的外表轮廓和飞羽。辽宁的发现促使我们思考这种身体覆盖物的程度有多广泛，不仅是在兽脚亚目恐龙中，甚至在其他恐龙类群中或许也是如此。鉴于已知身体覆盖物的分布，对于像霸王龙这样的巨大恐龙（它是与中华龙鸟有亲缘关系的兽脚亚目恐龙），认为其体表可能具有某种类型的覆盖物就不是毫无道理的——即便只

是在它们幼年的时候。目前，这类诱人的问题尚不能得到解答，还有待于在新的地层沉积物中发现保存质量与辽宁采石场中的化石相类似的遗迹。

很明显，相当多样化的带羽毛兽脚亚目恐龙和我们今天公认的真正鸟类（具有发育完好的飞行器官）在侏罗纪和白垩纪时期共同生活在一起。始祖鸟的年代是晚侏罗世（155 Ma），它具有明显的羽毛和鸟类一样的外貌。然而，现在我们确切地了解到，在距今更近的白垩纪（约120 Ma），大量这种类型的"恐龙鸟"，例如小盗龙及其近亲，与真正的鸟类共同生存。这些"恐龙鸟"如此程度的多样性，或者说其生物丰富性令人相当困惑，在某种程度上使人难以辨别我们今天到处所见的真正鸟类的进化起源。

然而，从生理学的观点来看，兽脚亚目恐龙存在某种类型的保温覆盖物的证据无可置疑地表明了这样一个事实，即这些恐龙（至少）是真正的内温动物。有两个理由让我们相信这一点：

i) 在这些带羽毛的恐龙中，有许多体型很小（20—40厘米长），而正如我们所了解的，小型动物具有相对较大的表面积，身体热量会很快向环境散失。因此，如果这些动物的身体内部能够产生热量，那么利用丝状体（酷似现生哺乳动物身体上的皮毛）和绒羽保温很可能就是必需的。

ii) 同样，皮肤的外表面拥有保温层也会使晒太阳变得即便不是不可能，至少也是相当困难的，因为保温层会降低它们从太阳获取热量的能力。晒太阳是外温动物得到身体热量的方式。因此，一只长有毛皮或羽毛的蜥蜴在生物学上是不可能的。

## 鸟类源自恐龙：进化上的述评

这些新发现的深远意义确实引人遐想。前文已经论述过符合逻辑并带有一定说服力的观点，即小型兽脚亚目恐龙是高度活跃、移动迅速和在生物学上"复杂"的动物。在此基础上，认为它们是潜在的内温动物候选者似乎是有道理的；从某种意义上讲，我们关于它们生活方式的推论表明，它们作为内温动物会获得最多的好处。辽宁的发现进一步证实，这些高度活跃的似鸟恐龙中，有许多是小型动物。这是至关重要的一点。小的体型给内温动物带来了最大的生理应力，因为身体内部所产生的热量中有很大一部分可能通过皮肤表面散失了；因而我们可以预期，活跃的小型内温动物会为身体保温，以减少热量的散失。因此，小型兽脚亚目恐龙发展出保温层来防止热量损失，是因为它们是内温动物——而不是因为它们"想要"成为鸟类！

辽宁的发现显示，各种类型的保温覆盖物演化出来，这最有可能是通过巧妙改变正常皮肤鳞片的生长模式而实现的；这些类型包括从类似毛发的丝状体，到发育完全的羽毛。真正像鸟类一样的飞羽很有可能不是为了飞行的目的而演化的，而是出于平淡无奇的缘由。产自辽宁的几个"恐龙鸟"在尾部末端似乎长有成簇的羽毛（很像艺妓的扇子），前肢、头部和脊柱边缘也有羽毛。很明显，保存几率的偏差可能对这些特征如何得到保存以及在身体的哪些部位得到保存方面有一定的影响。但就目前的研究来说，早在发育出任何真正的飞行功能之前，羽毛已有可能作为与这些动物的以下行为相关的结构而演化出来：像现生鸟类那样提供识别信号，或用作它们交配仪式的一部分。

就此而论，滑翔和飞行并不是鸟类起源的必要条件
（ *sine qua non* ），而是后来"附加"的优势。显然，羽毛有
可能具有空气动力学的功能；就像现代鸟类一样，跳跃和
振翅的能力可能大大增加了"恐龙鸟"交配时炫耀的筹码。
例如，就小型动物小盗龙来说，沿着前后肢和尾部边缘的
羽毛组合应该能使它从树枝或其他同样有利的位置飞到空
中。站在这一出发点上，滑翔和真正的振翅飞行相对而言
似乎的确就是向前的"一小步"了。

## 一直存在的问题

然而，我们不应该太陶醉于上面所描绘的情景。尽管
辽宁的发现的确极为重要，即它们提供了一个窗口，使得
我们能丰富而详尽地了解白垩纪恐龙和鸟类的进化情况，
但它们未必能够提供所有的答案。必须记住的关键一点
是，辽宁采石场的年代为早白垩世，因而其中所产出的化
石比具有高度发育的复杂翅膀、保存完好的最早带羽毛恐
龙——始祖鸟要年轻得多（至少相隔约 30 Ma）。无论通
向最早的会飞恐龙、最终通向鸟类的进化道路是怎样的，

这条路上也绝没有产自辽宁的、奇特的带羽毛恐龙。我们在辽宁所看到的是似鸟兽脚亚目恐龙（以及一些真正的鸟类）进化多样性的惊鸿一瞥，而不是鸟类的起源：鸟类起源仍然隐藏在中侏罗世、甚至可能是早侏罗世时期的沉积物中——在始祖鸟拍着翅膀来到地球上之前。目前为止我们所了解的一切都只能表明，兽脚亚目恐龙与早期鸟类具有十分密切的亲缘关系，但早侏罗世或中侏罗世中作为始祖鸟祖先的极其重要的兽脚亚目恐龙仍然有待于人们去发现。希望在未来的几年里能够出现一些激动人心的发现，以填充故事的这部分内容。

在第五章结束时我们提出了以下观点，即恐龙生活在地球历史上一个对体型巨大、高度活跃的动物有利的时期，这些动物能够保持较高的恒定体温而不必付出作为真正内温动物所需的大部分代价。产自辽宁的"恐龙鸟"似乎表明这个观点是错误的——小型、保温的兽脚亚目恐龙必须是内温动物，它们与鸟类（我们知道鸟类是内温动物）的密切关系更加强化了这一点。

我对此的反应是：嗯，既是又不是。现在看来，似鸟兽脚亚目恐龙是真正意义上的内温动物，这一点几乎是毫无疑问的。然而，我认为大多数更传统的恐龙是惯性的恒温动物（巨大的体型使它们能够保持稳定的内部温度）这一主张仍然成立。在现生内温动物中发现的一些证据支持了我的观点。例如，大象的代谢率比老鼠低很多就是由于这些原因。老鼠很小，向环境散失热量很快，为了补充热量的损失，必须保持较高的代谢率。大象身体庞大（大致和恐龙一般大小），它们保持恒定的内部体温是由于它们体型很大，而不仅仅因为它们是内温动物。的确，作为大型内温动物至少在某种程度上是一个生理挑战。例如，大象如果跑得太快就会遇到问题：它们保持身体姿势的肌肉和腿部肌肉会产生大量额外的化学热，因此必须用能"扇风"的大耳朵帮助它们将热量迅速散发出去，以防止致命的过热现象。

总的来说，恐龙是极大的动物，它们的身体应该能够保持一个恒定的内部体温；从大象推测，在一个任何情况下都非常温暖的世界里，成为真正的内温动物对恐龙来说未必有利。恐龙在生理上已进化成为大体型恒温动物（由于体型巨大而使内部体温保持恒定）。与恐龙向巨大体型进化的总趋势相反的唯一恐龙类群是驰龙类兽脚亚目，它们进化成为体型较小的类群。

　　仅从解剖学的角度来看，很明显，驰龙类是高度活跃的，应该能从恒温的生理特征获得好处，它们相对较大的脑需要持续不断的氧和营养供应。与其相矛盾的是，如果没有保温的覆盖物，那么体型较小的动物就无法保持恒温，因为它们无法阻止热量通过皮肤散失。小型兽脚亚目恐龙所面临的选择非常明确和简单：它们必须要么放弃它们高度活跃的生活方式，变成传统的爬行动物；要么提高体内热量的生产，成为严格意义上的内温动物，通过发育皮肤保温层来避免热量损失。因此，我主张，这不是一个"全都是或全不是"的情况；大多数恐龙基本上是大体型恒温动物，能够维持较高的活动水平而不必付出哺乳动物或鸟类这样的内温类型的全部代价；然而，小型的、特别是驰龙类兽脚亚目恐龙（以及它们的后裔，真正的鸟类）不得不演化出完全的内温机制，以及与之相关的保温覆盖物。

第七章

# 恐龙研究：观察和推断

如果我们想要了解化石动物的生活，就必须运用许许多多的方法。在本章，为了强调这一要点，我们将探讨各种各样的研究方法。

## 恐龙足迹学

恐龙研究的某些方面有着与侦探工作非常相似的性质，或许没有什么比足迹学更能体现这一点的了——足迹学是研究脚印的学科。

在侦探科学中没有哪个分支像追踪足迹的艺术这样重要且被如此严重地忽视了。

（柯南·道尔［Conan Doyle］，《血字的研究》，1891）

恐龙足迹研究的历史之长令人惊讶。一些最早采集和展出的标本是年轻的普利尼·穆迪（Pliny Moody）1802年在马萨诸塞州耕田时发现的。这些标本以及其他大型三趾脚印最后由爱德华·希契科克（Edward Hitchcock）于1836年以图示说明并被其描述为巨大的鸟类留下的足迹；一些标本仍被收藏在阿默斯特学院普拉特博物馆中。从19世纪中叶开始，足迹化石在世界各地被频繁发现。随着对恐龙解剖特征、尤其是它们足部形态了解的增多，人们认识到，发现于中生代岩石中"像鸟类一样"的大型三趾脚印属于恐龙而不是巨鸟。尽管这些足迹引起了局部的兴趣，但很少有人认为它们具有很大的科学价值。然而近年来，主要是受到位于丹佛的科罗拉多大学马丁·洛克利（Martin Lockley）的工作的鼓舞，人们开始更普遍地认识到，足迹可以提供大量的信息。

首先，最明显的是，保存下来的足迹记录了恐龙**活着时**的行为。单个脚印还记录了足部的总体形态和脚趾的数目，这通常可以帮助缩小造迹恐龙的可能范围，特别是在附近年龄相似的岩石中发现恐龙骨架的时候。尽管单个脚印或许具有其内在的价值，但一连串的足迹则记录了该动物活着时是如何运动的。它们揭示了足部与地面接触时的方向、步幅的长度、行迹的宽度（左、右脚之间的距离）；通过这些证据，有可能从力学的意义上重建腿部的运动。此外，研究证明，运用对大量现生动物的观察资料来计算造迹动物的运动速度也是有可能的。仅通过测量脚印的大小和步幅，并推测腿部的长度即可获得这种估算结果。虽然腿部长度初看起来似乎很难精确地估计，但事实证明脚印的实际大小是一个非常好的指南（从现生动物判断）；此外，在某些情况下，生活在脚印形成时期的恐龙的足部和腿部骨骼或骨架已被人们所了解。

单个脚印的形态也有可能显示出能推断这些动物运动方式的信息：比较宽和扁平的脚印显示整个足部与地面接触的时间相当长，表明它运动比较缓慢；在另一些情况下，脚印可能显示仅脚趾的末端与地面接触——表明该动物差不多是用脚尖快速奔跑的。

恐龙足迹的另一个有趣之处涉及到使得它们被完整保存下来的环境。足迹在坚硬的地面上无法被保存。相反，保存足迹的地面必须相对较软，通常是潮湿的，较理想的是具有泥泞的黏性。脚印一旦留下以后，重要的是它们在

**图 35** 一群蜥脚类恐龙在穿越潮湿的低地平原时留下的平行足迹

变硬之前不会受到大的扰动；如果脚印被快速埋藏于另一层泥土之下，这种不受扰动的情况就会出现。这或是因为表层在太阳下被烤硬，或是因为矿物质快速沉淀，在脚印层中形成某种凝结物。通常，研究者有可能从保存足迹的沉积物细节推断出恐龙留下脚印时的确切环境条件。这些细节包括泥淖被动物脚印扰乱的程度、脚陷入沉积物的深度以及沉积物看起来对脚的活动所作出的反应等。有时候仅从脚印主体部分之前或之后的沉积物磨损的方式就可以看出一只动物正在上坡还是下坡。因此，恐龙留下的足迹所提供的大量信息不仅有关恐龙如何移动，而且有关它们所进入的环境类型。

足迹的研究还可以揭示有关恐龙行为的信息。在罕见的情况下，会发现多种恐龙的足迹。一个著名的例子记载于德克萨斯州罗斯峡谷的帕卢克西河，是由一位名叫罗兰·T. 伯德（Roland T. Bird）的著名恐龙足迹探索者发现的。该地有两排平行的足迹，一排由一只巨大的雷龙留下，而另一排属于一只大型食肉恐龙。足迹似乎显示，大型食肉恐龙正在向雷龙靠拢。在足迹的交汇处，一种脚印消失了，伯德猜想这表明了攻击的地点。然而，洛克利通过研究足迹地点的图指出，雷龙（有若干只）在过了假定的攻击地点后还在继续行走；而且，尽管那只大型兽脚亚目恐龙当时正跟随着雷龙（它的一些脚印中有一部分盖住了雷龙的脚印），但没有"混战"的迹象。很有可能这个捕食者只是在安全的距离内追踪潜在的猎物。更有说服力的是伯德在达文波特农场观察到的一些足迹，该地点也位于德克萨斯。在这里他记载了 23 只类似雷龙的蜥脚形亚目恐龙在相同的时间朝着同一个方向行走的足迹（图35）。这强有力地说明有些恐龙是成群活动的。成群或群居的习性是不可能从骨架推测出来的，但足迹却可以提供直接的证据。

近年来人们对恐龙足迹逐渐增长的兴趣揭示了许多具有潜在吸引力的研究途径。恐龙足迹有时会在从未产出过恐龙骨架化石的地区发现，因此足迹可以帮助填补已知恐龙化石记录上的某些空白。在考察恐龙足迹性质的过程中，还出现了一些有趣的地质概念。一些大型蜥脚形亚目恐龙（上文的雷龙即属于这一类群）活着时可能重达 20—40 吨。这些动物行走时会对地面施加巨大的压力。在松软的基底上，来自这些恐龙脚掌的压力会使地表之下 1 米或更深的泥土变形——由此产生了一系列的"底印"，与原来地表上的脚印相对应。如果单个脚印通过许多"底印"得到了复制，那么"底印"的幻象就意味着化石记录中的一些恐龙足迹可能在很大程度上被重复代表了。

如果这些成群的巨大动物在大片区域踩踏，就像它们在达文波特农场所做过的那样，那么它们也就具有极大地破坏脚下土地的能力——将其压碎并破坏其正常的沉积结构。这个相对而言新近认识到的现象被命名为"恐龙扰动"。"恐龙扰动"也许只是地质现象，但它提示了另一个明显与恐龙活动相关联的生物效应，随着时间的推移，这个生物效应有可能是可测量的，也可能不可测。这就是恐龙对全部陆生生物群落在进化和生态上的潜在影响。大群若干吨重的恐龙走过一片土地，有可能将当地的生态全部摧毁。我们知道，今天的大象能够给非洲的稀树草原造成相当大的损害，因为它们能够毁坏并推倒成年树木。一群40吨重的雷龙会造成怎样的后果呢？这类破坏性的活动对生活在同一时代的其他动物和植物会有影响吗？我们能够识别或测量这种影响的长期性吗？它们在中生代的进化历史中是否重要？

## 粪化石

另一个稍微不那么浪漫的古生物学研究分支聚焦于恐

龙等动物的粪便。这些材料被归为粪化石（*coprolites*，其中 *copros* 意为"粪便"，*lithos* 意为"石头"），其研究历史之长令人吃惊，而且成绩卓著。对保存下来的粪化石重要性的认识要追溯到牛津大学威廉·巴克兰的工作（他描述了第一只恐龙，巨齿龙）。巴克兰是 19 世纪上半叶地质学家中的一位先驱者，他花费了大量时间采集和研究产自他的出生地多塞特郡的莱姆里吉斯周围的岩石和化石，包括海生爬行动物化石。在这个过程中，巴克兰注意到大量独特的砾石，它们通常具有微弱的螺旋形态。通过更详细的检查，将它们切开并观察磨光的切面，巴克兰识别出富集的闪光鱼鳞、骨头，以及箭石（一种头足类软体动物）触手上锋利的弯钩。他推断，这些石头最有可能是发现于同一种岩石中的食肉爬行动物的石化排泄物。很显然，虽然粪化石研究乍看起来有些不雅，但它有可能揭示有关曾经生活过的动物食性的证据，而这样的证据是难以通过其他途径获得的。

像脚印的情形一样，虽然"谁留下这些"的疑问非常有趣，但却可能成为大问题。偶尔，粪化石，或者说实际上是胃容物，被保存在某些脊椎动物化石（特别是鱼类）的身体内部；然而，将粪化石与特定的恐龙或者即便是与恐龙类群联系起来却是很困难的。美国地质调查局的凯伦·钦（Karen Chin）一直致力于粪化石的研究，她在可靠鉴定恐龙粪化石方面遇到了特别大的困难——直到最近。

1998 年，钦和她的同事们报告了他们的发现，这篇文章就题为《**特大**的兽脚亚目恐龙粪化石》。文中的标本发现于萨斯喀彻温的马斯特里赫特期（最晚白垩世）沉积中，由相当大的一块材料组成，超过 40 厘米长，体积大约为 2.5 升。标本外围以及紧临的内层是骨骼碎片。此外，这块标本中遍布着更细微的沙状骨质粉末。对该标本的化学分析证实，它所含钙和磷的水平非常高，表明了骨质的高度集中。对骨骼碎片的组织学薄片的分析进一步确认了骨骼的细胞结构，同时也显示被消化的猎物最有可能是恐龙；正如人们所猜测的那样，该标本极可能是一类大型食肉动物的粪化石。通过调查该地区岩石中已知的动物群可推测出，足以留下这样大的粪化石的唯一大型动物是巨大的兽脚亚目霸王龙（恐龙之"王"）。对粪化石中保存的骨骼碎片的观察显示，该动物能在嘴里将猎物的骨头嚼碎，而可能性最大的猎物是幼年的鸟臀目角龙亚目恐龙（可从骨骼组织学切片的结构中看出）。该粪化石中并非所有的骨骼均被消化这一事实表明，这些物质以相当快的速度通过了肠道，有些人将这一点作为霸王龙可能是一类饥饿的内温动物的证据。

## 恐龙病理学

鉴于这类兽脚亚目恐龙的总体解剖学特征，证明霸王龙食肉的习性显然并非完全出乎意料。然而，在霸王龙的骨架中还发现了因食物中富含红色肉类而产生的一个有趣的病理学现象。

大型霸王龙骨架"苏"正在芝加哥的菲尔德博物馆展出。该标本很有趣，因为它显示出许多病理特征。它的一个指骨（掌骨）在与第一指骨的关节处表现出某些独特的光滑圆形凹陷；现代病理学家和古生物学家对此都进行了详细研究。古生物学家发现，其他霸王龙也显示出这样的损伤，但在博物馆收藏的标本中这些损伤却相当罕见。在将其与现生爬行动物和鸟类的病理特征进行了详细比较之后，病理学家确定这种损伤是痛风的结果。这种疾病也见于人类。它通常侵害手部和足部，引起剧痛，造成被侵害部位的肿胀和发炎。它是由关节周围尿酸盐晶体沉积引起的。尽管痛风可能是脱水或肾衰竭的结果，但在人类中的一个发病因素是食物：即由于摄取的食物中富含嘌呤，这是一种发现于红色肉类中的化学物质。因此，霸王龙不仅外表看起来像食肉动物，它的粪便以及它患的一种疾病也证实了这一点。

"苏"还显示出很多更常见的病理特征。这就是具有指示作用的旧伤的遗迹。如果动物在活着的时候遭遇骨折，它们会有自愈的能力。虽然现代外科手术能够相当精确地修复断骨，但在自然状态下骨骼的断面通常不能自动准确地愈合在一起，在骨骼愈合部位的周围会形成骨痂。这种不完整的修复过程会在骨架上留下痕迹，可以在动物死亡后观察到。很明显，"苏"在"她"活着的时候曾多次受伤。在一次事故中，"苏"的胸腔遭受了较大的外伤，其胸部显示出几根明显断裂后又修复的肋骨。另外，"她"的脊柱和尾部也显示出许多损伤，同样在活着的时候愈合了。

这些观察结果的令人惊讶之处在于，像霸王龙这样的动物显然能够在受伤和生病之后存活下来。一般的预测会是，大型捕食动物，例如霸王龙，在受伤之后很容易遭受攻击，它本身会成为潜在的猎物。而这种情况并没有发生（至少在"苏"的例子中），这表明要么这种动物特别皮实，因而不会受到严重外伤的过多影响，要么这些恐龙可能生活在团结的群体中。该群体有时会表现出合作精神，帮助受伤的个体。

人们在各种恐龙中也注意到了其他病理现象，包括由牙周脓肿引起的破坏性骨损伤（在下颌骨的病例中）、在头骨或骨架其他部位的脓毒性关节炎和慢性骨髓炎。一个特别严重的腿部伤口长期感染的例子来自对一种小型鸟脚类恐龙的记录。该动物的部分骨架发现于澳大利亚东南部的早白垩世沉积物中。它的后肢和骨盆保存完好，但左腿的下半截严重变形并缩短（图36）。虽然无法证明这种并发感染的最初原因，但人们猜测该动物左腿胫部靠近膝关节处可能遭受了严重的咬伤。结果，石化的胫部骨骼（胫骨和腓骨）处长出了一块严重过度生长的、像硬茧一样的巨大不规则块状骨。

对骨化石的检查和 X 光照相显示，最初受伤的部位一定是被感染了，但感染并没有保持在局部，而是向下沿着胫部骨骼的骨髓腔扩散，这种感染所到之处使骨骼遭到了部分破坏。随着感染的蔓延，骨骼的外面增生了额外的骨组织，好像身体在试图产生自己的"夹板"或支持物。显然，该动物的免疫系统无法阻止感染的持续扩散，在骨骼外层的下面形成了大面积的脓肿；由此产生的脓液必定会从腿骨渗出，并且流到皮肤表面形成溃疡。从感染部位骨骼生长的总量判断，该动物在遭受这种可怕伤残折磨的同时，很可能又活了一年之久才最终死亡。保存的骨架没有显示出其他病理感染的迹象，也没有牙咬的痕迹或其他食腐活动的迹象，因为它的骨骼没有散落。

在恐龙骨骼中很少能够识别出肿瘤。试图研究恐龙中癌症发生频率的最明显障碍是该研究需要破坏恐龙骨骼，以便制作组织切片——对于博物馆馆长来说，这显然是没有吸引力的事情。最近，布鲁斯·罗思柴尔德（Bruce Rothschild）开发出利用 X 射线和荧光透视法扫描恐龙骨骼的技术。该方法限于直径小于 28 厘米的骨骼。出于这个原因，他测量了大量的恐龙脊椎（超过 1 万个）。这些

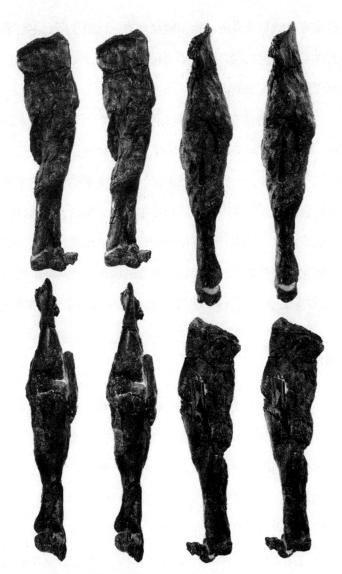

**图 36** 脓毒性的恐龙胫部骨骼化石，已严重变形

脊椎来自数目众多的博物馆收藏标本，代表了所有主要的恐龙类群。他发现，癌症不仅很罕见（<0.2% 至 3%），而且仅限于鸭嘴龙类。

为什么肿瘤有这样的局限性呢？这一问题很令人迷惑。这促使罗思柴尔德怀疑鸭嘴龙类的食物是否可能与这种流行病有关。一些"木乃伊化"的鸭嘴龙类干尸的罕见发现表明，其肠道内积累的物质中包含了相当大量的针叶树组织；这些植物含有高浓度的致癌化学物质。这究竟是鸭嘴龙类具有遗传性易患癌症体质的证据，还是环境诱导（含诱变因素的食物）致癌的证据，目前都还完全是推测。

## 同位素

被称为地球化学的另一个科学分支利用放射性氧同位素，特别是氧–16 和氧–18，以及它们在微体海洋生物外壳所包含的化学物质（碳酸盐）中的比例，来估算古代海洋的温度，进而推测更大范围的气候条件。从根本上说，人们的观点是，这些生物体外壳化学物质中锁定的氧–18 比例越高（与氧–16 相比），它们原来所生活的海洋的温度就越低。

20世纪90年代早期，古生物学家里斯·巴里克（Reese Barrick）和地球化学家威廉·肖沃斯（William Showers）合作，尝试是否可能对骨骼中的化学物质进行同样的研究——特别是构成骨骼矿物中磷酸盐分子的一部分的氧。他们首先将这种方法应用于一些已知的脊椎动物（牛和蜥蜴），从它们身体的不同部位（肋骨、腿和尾部）提取骨骼样品，测量氧同位素的比例。他们的研究结果表明，对于内温哺乳动物（牛）来说，腿骨和肋骨之间的体温几乎没有差异；正如可以预见的那样，该动物具有恒定的体温。然而在蜥蜴中，尾部的温度比肋骨低2到9°C；外温动物身体热量的分布不像内温动物那样均匀，它们身体外围部分的平均温度要比核心部分低。

接着，巴里克和肖沃斯对采自蒙大拿州一具保存完好的霸王龙骨架中的各种骨骼进行了同样的分析。从肋骨、腿骨、趾骨和尾骨上钻下的样品显示了与哺乳动物颇为相似的结果：氧同位素比例的差异很小，这表明整个身体的温度相当均匀。这一结果被进一步用来证明这样的观点：恐龙不仅是恒温的，而且是内温的。这两位作者最近的研究工作似乎进一步证实了他们的初步发现，并将这种观察成果扩大到其他一系列的恐龙身上，包括鸭嘴龙。

正如通常的情况那样，这些结果引起了一场热烈的讨论。有人担心骨骼的化学成分在石化过程中可能已被改变，而这会导致同位素信息毫无意义；注重生理特征的古生物学家则认为这一结果的意义远不能令人信服：恒温的信息与大多数恐龙是体型巨大的恒温动物（第六章）的观点相一致，并未提供内温或外温的确凿证据。

这显然是一个有趣的调查方法；虽然其结果还不是确切无疑的，但给未来的研究打下了基础。

## 恐龙研究：扫描革命

近年来，技术手段的平稳进步，以及利用它们解决古生物学问题的可能性在许多不同的领域中已崭露头角。下面的小节将探讨几个这方面的应用；它们并非没有自身的局限性和缺陷，但在某些例子中，现在提出的问题可能是十年前做梦都想象不到的。

古生物学家面临的最棘手的难题之一是期望对任何

新找到的化石作尽可能彻底的探究，在此过程中又要把对标本所造成的破坏降到最低。发现 X 射线在照相胶片上形成身体内部图像的潜力对于医学来说是极为重要的。最近，由于与强大的计算机数据处理直接相连的计算机断层扫描（CT）和核磁共振成像（MRI）技术的发展，医学透视显像领域产生了彻底的变革，这使得三维图像的产生成为可能。这种图像使研究者可以看到物体的内部，例如人体或其他复杂的构造，而这在通常情况下只有通过大的探测手术才有可能实现。

利用 CT 扫描观察化石内部的可能性很快被人们意识到了。这一领域的领军人物之一是蒂姆·罗（Tim Rowe），他与其团队的研究基地位于奥斯汀的得克萨斯大学。他成功建立了专门用于研究化石的最精密的高分辨率 CT 扫描系统之一，正如我们将要在下文中所看到的，他已经利用该系统进行了极为有趣的工作。

## 研究鸭嘴龙的头嵴

CT 扫描应用的一个范例是针对一些鸭嘴龙类鸟脚次

亚目恐龙一系列变化幅度极大的头嵴进行的研究。这些恐龙在晚白垩世时期非常丰富，具有非常相似的身体形态；它们真正的不同之处只是在于头部嵴突的形状，但这种差异的原因长期以来一直是个难解之谜。1914 年，当第一个具有"冠饰"的恐龙被记叙下来的时候，人们认为这可能仅仅是有趣的装饰特征。然而 1920 年人们发现，这些"冠饰"或头嵴是由纤细的骨质外层组成，里面包裹着相当复杂的管状腔室。

自 20 世纪 20 年代以来，解释这些头嵴用途的理论层出不穷。最早的观点主张，头嵴为从肩部延伸到颈部的韧带提供了一个附着区域，以支撑又大又重的头部。从那以后，各种观点不断出现：它们是用来作为武器的；它们支持着高度发育的嗅觉器官；它们是性特征（雄性具有头嵴而雌性没有）；此外还有最具远见的观点，即这些腔室可能用作共鸣器官，就像现代鸟类那样。在 20 世纪 40 年代，人们偏爱水生的理论：即它们形成了气闸，当这些恐龙在水下吃水草时，可以防止水流进肺部。

大多数更加古怪的观点已被摒弃，或是因为有悖于自然法则，或是与已知的解剖学知识不相符。从中脱颖而出的理论是，头嵴可能起到若干相互关联的、社会/性方面的作用。它们大概为特定的种提供了可见的社会识别系统；另外，一些复杂精美的头嵴无疑是为了性炫耀的目的。还有少量鸭嘴龙的头嵴足够强壮，可以用于侧面攻击或以角相顶的活动，作为交配前仪式的一部分或雄性之间的竞争方式。最后，人们认为与头嵴或面部结构相关联的腔室或管状区域起到了共鸣装置的作用。而且，这种仍属推测的发声能力（可见于现今的鸟类和鳄类）可以与这些恐龙的社会行为联系起来。

与共鸣器官理论相关联的最大问题之一是直接获取能够重建空气在头嵴中流动的详细情况的头骨材料，而不必破坏细心发掘的珍贵标本。CT技术使得这样的内部探查成为可能。例如，新墨西哥州的晚白垩世沉积物中发现了一些头嵴非常独特的鸭嘴龙类小号手拟棘龙的新材料。头骨相当完整，保存很好，包括一个长而弯曲的头嵴。人们对头嵴进行了纵向CT扫描，然后将扫描图片进行数字化处理，从而得到了头嵴的内部空间而不是头嵴本身的图像。最终呈现的空腔内部图像显示它的复杂程度非常高。数个平行的狭窄管道紧紧缠绕在头嵴内部，产生的效果相当于一串长号! 现在研究者们几乎毫不怀疑, 像拟棘龙这样的动物头嵴上的空腔是它们发声系统的一部分, 可以起到共鸣装置的作用。

## 软组织: 心脏化石?

20世纪90年代晚期, 南达科他州晚白垩世砂岩中出土了一具新的中型鸟脚次亚目恐龙的部分骨架。该骨架的一部分已被侵蚀掉, 但剩余部分保存得非常好, 仍然可以看出某些软组织的迹象, 例如软骨, 而通常这些软组织会在石化过程中丧失。在对标本进行初步清理的过程中, 在胸腔的中央发现了一个大的含铁(富含铁质)结核。这一构造引起了研究者的极大兴趣。他们得到许可, 利用一台大型兽医用扫描仪对该骨架的主要部分进行了CT扫描。扫描的结果令人兴奋。

这块含铁结核似乎具有独特的解剖特征, 而且其周围还存在与之相关联的结构。研究者将此解释为, 这显示结核内保存了心脏以及一些相关联的血管。结核似乎显示出两个腔室(研究者将其解释为代表了原来的心室); 稍微向上一点有一个弯曲的管状结构，他们将其解释为主动脉（血液从心脏流出的主要动脉之一）。在此基础上，他们进一步提出，这表明该恐龙具有与鸟类非常相似的、完全分隔的心脏；这一看法支持了越来越令人信服的观点：恐龙通常是高度活跃的需氧动物（参见第六章）。

早在 1842 年，理查德·欧文作出非常有预见性的推测时，就有人认为，恐龙、鳄类和鸟类具有比较高效的四心室（也就是完全分隔的）心脏。站在这个基础上来看，这一发现就不那么令人惊讶了。真正惊人的是这样的看法：通过某种异常的石化情形，这只特定恐龙的心脏软组织的大体形态可能被保存下来。

据知，软组织能够在一些非常特殊的条件下被保存在化石记录中；这些条件通常包括非常细的沉积物（泥和黏土）的混合物，它们能够保存软组织的印痕。而且，软组织，或者更确切地说是它们经过化学反应后的残余，通常在缺氧的条件下可以通过化学沉淀作用被保存下来。但这两个条件都不适用于前面描述的鸟脚亚目骨架。该标本发现于粗粒的砂岩中，而且应该是在含氧量很丰富的条件下，因此从简单的地球化学观点来看，这样的条件似乎应该不大可能保存任何形式的软组织。

毫不奇怪，这些研究者的观察结果受到了质疑。铁矿石结核在这些沉积中很常见，而且经常与恐龙骨骼一起被发现。沉积环境、可能保存这些结构的化学条件，以及所有这些据称类似于心脏特征的解释都引发了争论。目前该标本的身份还不能确定，但无论提出其他任何主张，如果这些特征仅仅属于铁矿石结核，那么奇怪的是它们与心脏的特征竟然如此相似。

## 伪造的"恐龙鸟"：法医古生物学

1999 年，一篇文章出现在《国家地理》杂志上，其中强调了由中国辽宁省的新发现所揭示的恐龙与鸟类之间的相似性。它向人们展示了另一件令人兴奋的新标本，这件标本被命名为古盗鸟，以一具近乎完整的骨架为代表，看起来几乎与人们所能想象的中间类型的"恐龙鸟"一模一样。该动物具有与鸟类非常相似的翅膀和胸部骨骼，但保留了颇似兽脚亚目恐龙的头部、腿部和僵硬的长尾巴。

最初，《国家地理》通过一系列公共活动庆祝这件标本的发现。但很快该标本便招来了颇多争议。尽管它显然来自中国，但它是由犹他州的一家博物馆从亚利桑那州图森的一个化石市场购得的。这很不寻常，因为中国政府将所有具备科学价值的化石都视为国家财产。

该标本引起了科学界的怀疑：与类似兽脚亚目恐龙的腿部和尾部相比，它身体的前半部分简直过于像鸟类了。保存该标本的石灰岩表面也很不寻常，它由一些像碎石路一样的小石板组成，被许多填充物拼接在一起（参见图37）。没过多久就有人宣称它大概是伪造的——可能是用采自辽宁的各种各样的剩余部分加工排列起来的。在普遍疑虑的氛围下，犹他博物馆的研究馆员与两位研究这些中国恐龙类型的古生物学家取得了联系。他们是阿尔伯塔皇家蒂勒尔博物馆的菲利普·柯里（Philip Currie）和中国北京的徐星（Xu Xing）；此外还联系了得克萨斯的蒂姆·罗，看他是否能够通过CT扫描证实这件化石的性质。

惊人巧合的是，徐星回到中国后，找到了一件采自辽宁的岩石，其中包含了一具驰龙类兽脚亚目恐龙的大部分。对该标本进行研究之后，他确信，这件化石的尾部是他最近在古盗鸟身上所看到尾部的纵切反面。回到华盛顿

A. 化石的X光照片

示意图图例
骨骼

■ 相关联的鸟类骨骼

■ 无法证实的"附加"骨骼

原型图例
相对密度

□ 骨骼

■ 石板

■ 空气

相关联的石片

1a-w 处于自然位置上相关联的石片

图 37 在石板上伪造的"古盗鸟"

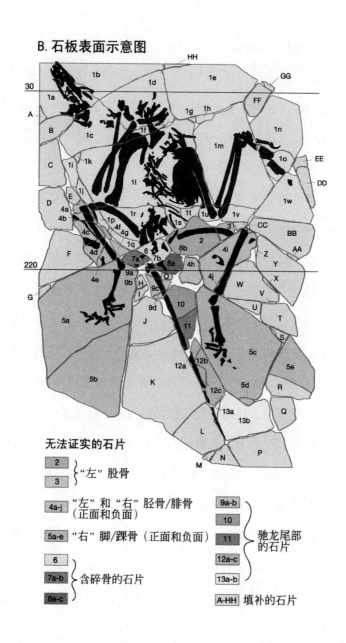

## B. 石板表面示意图

**无法证实的石片**

| 2 | ⎫ "左" 股骨 |
| 3 | ⎭ |

4a-j  "左" 和 "右" 胫骨/腓骨（正面和负面）

5a-e  "右" 脚/踝骨（正面和负面）

| 6 | |
| 7a-b | ⎫ 含碎骨的石片 |
| 8a-c | ⎭ |

9a-b
10     ⎫ 驰龙尾部
11     ⎬ 的石片
12a-c
13a-b

A-HH  填补的石片

和《国家地理》的办公室以后，徐星将他新近发现的化石与古盗鸟标本相对照，结果证明原来的古盗鸟石板毫无疑问是拼接而成的，它**至少包含了两种不同的动物**（前面一半是一只真正鸟类的一部分，而后面一半则是一只驰龙类兽脚亚目恐龙的一部分）。

罗在注意到事件的这一发展之后，详细研究了他为原来的古盗鸟石板所作的 CT 扫描的照片。CT 照片不能分辨真正的和伪造的化石。然而，石板每个部分精确的三维图像使人们能够准确地比较每一块标本。事情弄清楚了：一只鸟的部分化石构成了石板的主要部分，此外又加上了一只兽脚亚目恐龙的腿部和足部骨骼。罗和他的同事证明，该标本是只用了一条腿骨和足部骨骼拼接而成的。在这个例子中，正面和反面被纵切为二，制造了一双腿和脚！最后，又加上了兽脚亚目恐龙的尾巴；而且，为了完善这幅"图画"，添加了额外的小块碎石和填充物，造成了看起来更令人满意的矩形总体效果。

这些戏剧性的发现并没有对有关恐龙 – 鸟类关系的争论产生任何影响。它表明的是某些令人遗憾的事实。在中国，报酬很低的工人在帮助挖掘一些真正奇妙的化石的过程中，显然逐渐获得了良好的解剖学知识，了解科学家们正在寻找的动物类型。这些工人也认识到这些化石的市场很兴旺，如果他们能够将化石卖给中国以外的交易商，便会给自己带来高得多的经济利益。[1]

## 恐龙力学：异龙如何取食

事实表明计算机断层摄影显然给古生物学研究带来了颇有价值的帮助，因为它能够以几乎不可思议的方式看到物体的内部。剑桥大学的埃米莉·雷菲尔德（Emily Rayfield）及其同事开发了一些利用 CT 成像的技术革新方法。利用 CT 图像、复杂的计算机软件，以及大量的生物学和化石生物学数据，研究者证明了探索恐龙活着时如何活动是有可能的。

正如霸王龙的例子那样，我们大体上知道异龙（图 31）是一类捕食动物，它的猎物很可能是生活在晚侏罗世时期的一些动物。有时在骨化石上可以发现齿痕或抓痕，而这些痕迹可以与异龙颌骨上的牙齿完全对上，这可以作

---

1　我国《文物保护法》规定"具有科学价值的古脊椎动物化石和古人类化石同文物一样受国家保护"，私人买卖这些化石是违法的。

为异龙"有罪"的一种"证据"形式。但是这些证据告诉了我们什么呢？其答案可能不像我们所希望的那么多。我们不能确定这些齿痕是否是由以死亡动物为食的食腐动物留下的，或者留下齿痕的动物是否是真正的凶手；同样，我们无法断定异龙可能是哪种类型的捕食动物：它是经过长距离追逐扑倒猎物，还是潜伏然后突袭？它是毁灭性地咬碎骨头，还是以切割和砍击为主？

雷菲尔德获得了一个保存异常完好的晚侏罗世兽脚亚目异龙头骨的 CT 扫描资料。利用头骨的高分辨率扫描产生了一幅整个头骨非常详细的三维图像。然而，雷菲尔德不仅仅制作了像全息图一样的漂亮头骨图像，她还将图像资料转化成了三维的"网格"。网格由一系列的点素坐标组成（颇似地形图上的坐标），每个点都由短的"元"与紧邻的点相连接。这样就建立了工程学术语上所说的整个头骨的有限元图（图 38）：以前从没有人尝试过构制如此复杂的图像。

这类模型的突出特性是，利用适当的计算机和软件，可以在有限元图上记录头骨的物质属性，例如头骨、牙釉质或骨骼之间关节上软骨的强度。这样，可以促使每个

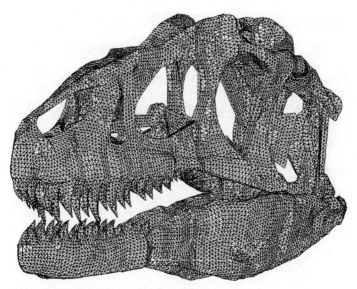

**图 38** CT 扫描的异龙头骨三维有限元模式图

"元"就像一块真正头骨的组成部分那样起作用，而每个元都与相邻的元连接在一起，成为一个完整的单元，就像恐龙活着时一样。

绘制了这只恐龙的虚拟头骨图像以后，就需要计算出它活着时颚肌的力量。利用黏土，雷菲尔德做出了酷似该恐龙的颚肌的模型。当她完成这项工作后，便根据它们的尺寸——长度、周长，以及与颌骨附着的角度——计算出它们能够产生的力的总量。为了保证这些计算尽可能符合实际情况，生成了两套力的估算模式：一套基于这类恐龙具有颇似鳄类（外温）的生理特征，另一套则假定它具有鸟类／哺乳动物（内温）的生理特征。

然后，利用这些数据组，就可以在异龙头骨的有限元模型上添加这些力，精确地"测试"头骨对最大咬力有怎样的反应，以及这些力在头骨内部是如何分布的。这项实验的目的在于探明头骨的结构和形态，以及它对与进食相关的压力的反应方式。

产生的结果令人着迷。该头骨异常坚固（尽管有人认为它表面上如此多的大孔洞可能会在很大程度上削弱它的强度）。事实上，这些孔洞证明是该头骨强度的一个重要部分。当测试虚拟头骨直到它开始"屈服"的时候（也就是说，它受到的力开始使骨骼断裂时），研究者发现它能够承受的力高达异龙尽全力咬合时颚肌可以产生的力的24 倍。

从这个实验中可以很明显地看出，异龙的头骨被非常过分地加固了。自然选择在大多数骨架特征的设计上通常会提供一个"安全系数"：构建那部分骨架所需要的总的能量和材料与它在正常生活条件下的大体强度之间的一种平衡。这个"安全系数"是变化的，但一般在正常的生命活动中通常所受到的力的 2—5 倍范围内。异龙的头骨结构具有 24 倍的"安全系数"的假设似乎是荒谬的。对头骨进行再次检验并重新考虑它可能的取食方式后，得出了如下的认识：下颌骨构建的方式实际上相当"脆弱"。因此，与总的头骨强度相比，该动物的咬力很可能真的很弱。这表明该头骨的结构能够承受非常大的力（超过 5 吨）是由于其他的原因。最明显的是该头骨可能被用来作为主要的进攻武器——作为斩碎机。这些恐龙可能张大下颌突然扑向猎物，然后用头向下猛撞猎物，给予其毁灭性的巨大打击。由于这个动作所附加的身体重量以及猎物的抵抗，头骨必须能够经受住短时间内极高的负荷。

在第一次攻击之后，一旦猎物被制服，那么该恐龙就要用颌骨以传统方式咬下肉块，但在此过程中可能在相当程度上需要用腿和身体来帮助拉扯坚韧的肉块，这就再次通过颈部、背部和腿部肌肉所产生的力给头骨增加了相当高的负荷。

这一特定的分析有可能使人们对异龙类是**怎样**取食的产生一些认识，而这在几年前还是难以想象的。这再次说明，新技术和不同的科学分支（在本例中是工程设计）的相互结合可以用于探索古生物学问题，并产生新的有趣的观察结果。

**古生物分子和组织**

在本章即将结束的时候，我不能不提到《侏罗纪公园》中的情节：发现恐龙的 DNA，利用现代生物技术重组这些 DNA，由此使恐龙复活。

过去的十年中，有零星几篇科学报告声称发现了恐龙 DNA 片段，接着又利用聚合酶链反应（PCR）的生物技术来增强这些片段，以使它们更易于研究。遗憾的是，对于愿意相信好莱坞剧情的人们来说，所有这些报告都没有得到证实，而且实际上从恐龙骨骼中分离出任何真正的恐龙 DNA 的可能性微乎其微。理由很简单，DNA 是一个长而复杂的生物分子，在缺乏维持并修复它的代谢系统（正如在活的细胞中所发生的那样）的情况下，随着时间的推移，DNA 会降解。任何这样的物质被埋在地下（而且在那里遭遇由微生物、其他生物和化学污染源，以及地下水造成的各种污染风险），经过 6,500 多万年而未被改变的可能性实际上为零。

到目前为止，所有报告的恐龙 DNA 均被证明是已受到污染的。实际上，被确认的唯一可靠的化石 DNA 在时间上要近得多，而且即便是这些发现，也是由于不寻常的保存条件才成为可能的。例如，棕熊化石遗存的年代追溯至大约 6 万年前，人们获得了它的线粒体 DNA 很短的序列——但这是因为自从这些动物死亡以后其化石就一直冻结在永冻土中，这为降低这些分子的降解速度提供了最佳条件。当然，恐龙的遗迹要比北极棕熊古老 1000 倍。尽管我们或许有可能在现生鸟类的 DNA 中识别出一些与恐龙相似的基因，但使恐龙复活是科学界无能为力的。

最后一组极为有趣的观察结果涉及到对采自蒙大拿州的一些霸王龙骨骼的外表和内部化学组成的分析。北卡罗来纳州立大学的玛丽·施韦策（Mary Schweitzer）和同事得到允许研究由杰克·霍纳（Jack Horner, 电影《侏罗纪公园》中"艾伦·格兰特博士"在现实生活中的原型）采集的一些保存非常完好的霸王龙骨骼标本。对骨架化石的详细检验表明，长骨的内部结构只有极微小的改变；的确，它们的改变是如此之小，以至于霸王龙个别骨骼的密度与现代骨骼仅仅晾干之后的密度相一致。

施韦策找寻的是古代的生物分子，或者至少是可能留下的残余化学标记。她从骨骼内部提取了材料以后，再将其研成粉末，对其进行广泛的物理、化学和生物学分析。这项研究背后的想法是，不仅要尽最大可能"捕获"一些痕迹，而且如果标记出现的话，还要得到一系列支持它的半独立证据。研究者肩上的重任实际上是找到某些能证明这样的生物分子存在的确凿证据；死亡和埋藏以后时光流逝，任何这些分子的残迹都已被全部破坏或冲刷掉的可能性似乎是无法抗拒的。核磁共振和电子自旋共振揭示了类似血红蛋白（红血球的主要化学组成物）的分子残余物的存在；光谱分析和高性液相色谱（HPLC）生成的数据也显示出残余血红素结构的存在。最后，将恐龙的骨组织用溶剂冲洗，以便提取任何遗留的蛋白质碎片；然后将这些提取物注入实验大鼠的体内，看它是否会引起免疫反应——结果确实引起了反应！大鼠所产生的抗血清与提纯的鸟类和哺乳动物的血红蛋白所发生的反应呈阳性。从这一系列的分析可以看出，似乎这些霸王龙的组织中很有可能保存了恐龙血红蛋白混合物的化学残迹。

更令人着迷的是，在显微镜下观察部分骨骼薄片的时候，在骨骼内部的血管中可以识别出小的圆形微结构。对这些微结构进行分析以后发现，与周围的组织相比，它们明显富含铁（铁是血红素分子的主要成分）。而且它们的大小和总体面貌与鸟类的有核红细胞特别相似。尽管这些结构并不是真实的血细胞，但它们确实像是原来的血细胞在化学上发生了改变的"幽灵"。这些结构在这种状态下是如何经过了 65 Ma 而存留下来的，这是一个相当大的谜题。

施韦策和她的合作者还识别出（利用类似前面提到的免疫学方法）被称为胶原蛋白（天然骨骼以及韧带和肌腱中的主要组成成分）和角蛋白（构成鳞片、羽毛、毛发和爪子的物质）的"坚韧"蛋白质生物分子残余。

尽管这些结果受到了整个研究界相当大的质疑——而且，由于上面详细叙述的原因，这种质疑也是合理的——但是，被用来支持他们结论的一系列科学方法，以及发表这些观察结果时所持的堪称典范的慎重态度，仍然代表了古生物学这个领域中清晰的模式和科学方法的应用。

第八章

# 对过去进行研究的前景

## K–T 绝灭：恐龙的终点？

自 19 世纪早期起，人们就已经了解到，不同的生物
类群在地球历史上的不同时期占据着统治地位。其中较为
引人注目的类群之一是恐龙，而古生物学调查则稳固地强
化了这样的观点，即恐龙绝对不会在比白垩纪末（大约
65 Ma）更年轻的岩石中发现。事实上，人们得到的认识
是，白垩纪的最末期，一直到第三纪的开端（现在被普遍
称为 K–T 界线），标志着一个较大的变革时期。许多的种
走向了绝灭，在第三纪早期被各种不同的新类型所取代：
K–T 界线似乎代表了一个较大的生命间断，因而是一个
大绝灭事件。在这个时期发生绝灭的物种类型有：大名鼎
鼎的陆地恐龙，它们到晚白垩世时期已有了许多不同的种

类；多种多样的海洋动物，从巨大的海生爬行类（沧龙类、蛇颈龙类和鱼龙类），到极为丰富的菊石类，以及范围非常广泛的白垩质浮游生物；而在空中，会飞的爬行动物（翼龙）和反鸟类也永远消失了。

显然，人们有必要去努力了解造成这一生命急剧消亡事件的可能原因。这个总的问题的另一面也同样重要：为什么一些动物幸存下来了？毕竟，现代鸟类幸免于难，哺乳动物也是如此，还有蜥蜴和蛇、鳄和龟、鱼和许许多多其他的海洋动物。这仅仅是幸运吗？直到1980年前，人们提出了解释 K–T 绝灭和幸存的各色理论，从识见幽明到荒诞可笑，不一而足。

1980年以前比较持久的理论之一是以详细研究距 K–T 界线最近的时间带的生态组成为中心的。多数人的意见是，在白垩纪末期，气候条件逐渐变得季节性更明显、变化幅度更大。那些在压力较大的气候条件下适应能力较差的动植物的衰落可以反映出这一点。这与白垩纪末期的构造变化相关联（尽管对此并无定论）；这些变化包括海平面的显著上升和大陆分区的大大加强。总的印象是地球的特征正在逐渐改变，最终以动植物群引人注目的剧变而达到顶峰。显然，这样的解释需要为绝灭事件的发生提供一个较长的时间段，但其致命的弱点是无法为同时在海洋生物群落中所发生的变化提供一个充分的解释。在缺乏更好材料的情况下，争论此起彼伏，得不出明确的结论。

1980 年，这一研究领域发生了彻底的变革，这出乎意料地是由一位天文学家路易斯·阿尔瓦雷斯（Luis Alvarez）实现的。他的儿子沃尔特（Walter）是一位古生物学家，一直致力于研究 K–T 界线附近浮游生物多样性的变化。一个合乎逻辑的假定是，晚白垩世和第三纪早期之间的间隔可能代表了一个稍长的"缺失"时期——连续化石记录中的一个真正缺环。为了帮助沃尔特研究有关浮游生物群落在地球历史上这一重要时期的变化，路易斯提议，他可以测量界线沉积中积累的宇宙尘埃的数量，以便给这个假定的地质间断的程度提供一个评估。他们的结果震惊了古生物学界和地质界。他们发现，由一条薄的黏土带所代表的界线层中包含了数量巨大的宇宙碎屑，这只能由一颗巨大的陨星撞击地球、并随后发生汽化来解释。他们计算得出，这颗陨星的直径应该至少有 10 公里。考虑到这样一颗巨大陨星撞击的影响，他们进一步提出，撞击后所产生的大量碎屑云团（含有水蒸气和尘埃颗粒）会在相当长的一段时期内完全遮盖地球，或许达数月乃至一年或两年之久。以这种方式遮盖地球将使陆生植物和浮游生物停止光合作用，并导致同时期的陆地和水生生态系统的崩溃。阿尔瓦雷斯父子及其同事似乎一下子就发现了 K–T 事件的统一解释。

像所有有价值的理论一样，撞击假说吸引学者们进行了大量的研究工作。在整个 20 世纪 80 年代，越来越多的研究小组在世界各地的 K–T 界线沉积物中识别出宇宙碎屑和与强烈撞击有关的信号。到了 80 年代晚期，许多工作者的注意力被吸引到加勒比海地区。有报告显示，在加勒比海的一些岛屿上，例如海地，K–T 界线附近的沉积中不仅显示出撞击的信号，而且紧靠它的上面有一层极厚的角砾岩（混合在一起的破碎岩块）。这层角砾岩以及比此处更厚的陨星碎屑层和其中的化学标记促使研究者提出，陨星撞击了这个地区浅海中的某个地方。1991 年，研究者宣布在墨西哥的尤卡坦半岛上确认了一个很大的地下陨星撞击坑，他们称之为希克苏鲁伯撞击坑。该陨石坑本身已经被 6,500 万年的沉积物所覆盖，只有通过研究地壳的地震回波（颇似地下雷达的原理）才能显现。该陨石坑大约跨越了 200 公里，与 K–T 界线层恰好吻合，因而阿尔瓦雷斯的理论得到了这一惊人发现的支持。

从 20 世纪 90 年代早期开始，K–T 事件的研究从原因转向尝试将这时的绝灭与单一的灾难性事件联系起来，因为原因在当时似乎已经确定了。这一灾难性事件与核冬天的相似点相当明显。计算机模拟技术的发展，再加上人们对"目标"岩石（浅海沉积）中可能的化学成分以及它们在高压冲击下的行为等知识的了解，已经将撞击的早期阶段及其对环境的影响清楚地揭示出来了。在尤卡坦，陨星必然撞击了富含水、碳酸盐和硫酸盐的海底；这将向同温层排放**分别**高达 2,000 亿吨的二氧化硫和水蒸气。基于陨石坑表面形状的撞击模型显示，撞击是倾斜的，来自东南方向。这样的轨迹必将使排出的气体向北美聚集。化石记录的确显示植物群的绝灭在这个区域特别严重，但在这个模式得到证实之前，还需要在其他地区进行更多的研究。阿尔瓦雷斯和其他人在撞击影响方面所进行的研究表明，尘埃和云团会使地球陷入冰冻和黑暗之中。然而，对大气条件所制作的计算机模型显示，由于海洋的热惯性以及大气层中颗粒物质的稳步沉降，数月之内光照水平和温度就会开始反弹。不幸的是，在相当长的时间内情况都不会好转，因为大气中的二氧化硫和水会结合在一起，产生硫酸气溶胶，它们会在 5 到 10 年内大大减少到达地球表面的光照量。这些气溶胶将会起到使地球冷却至接近冰冻和使地表浸透酸雨的双重作用。

很明显，这些预测仅仅建立在计算机模型的基础之上，可能会出现误差。然而，即使只是部分正确，撞击以后环境影响结合在一起所产生的总体规模也将真正是毁灭性的，这可以从许多方面很好地解释白垩纪末期的陆地和海洋绝灭。在某种意义上，奇怪的是竟然还有生物能够在这种世界末日般的条件下幸存。

**动摇**

虽然近年来的许多研究都集中在解释一颗大的陨星对全球生态系统所造成的环境影响，但对希克苏鲁伯地区的研究工作仍在继续。为了对撞击带进行详细探测，现已在撞击坑中打下了一个 1.5 千米深的大钻孔。初期的研究成果略微打乱了前文所解释的总体模式。钻孔资料的一组解释指出，撞击坑可能在 K–T 界线**之前** 30 多万年就已经形成了。这个时间间隔由 0.5 米厚的沉积物所代表。有人以此为根据提出，白垩纪末事件并非只是单独的一次大的陨星撞击，而是发生了几次大的撞击，一直到 K–T 界线时为止——它们累积的影响可能导致了这样的绝灭模式。

显然，这些新的发现预示，在未来的很多年里无疑将会进行更多的研究，发生更多的争论。其中相当重要的是与白垩纪末事件同时发生的大规模火山活动的资料。印度的德干地区呈现出一系列极厚的溢流玄武岩，估计有数百万立方千米。这样巨量的火山喷发对环境究竟有着怎样的影响，以及这是否与地球另一面的陨星撞击有着任何方面的联系，这些问题仍然有待于确定。

大绝灭是地球生命历史上引人注目的间断标志——确切指明它的原因是非常困难的，这一点并不令人感到惊讶。

## 恐龙研究的现在和不远的将来

至此，我们应该很清楚地知道，像古生物学这样的学科——正如目前它被应用于研究像恐龙一样令人着迷的动物时所表明的那样——本身具有明显的不可预知性。为了探讨特定的议题或问题，人们可以订立许多古生物学研究计划。这些计划也确实能够满足人们在理智上的要求；这对所有学科来说都是正常的。然而，机缘巧合也起着重要的作用：它可以将研究引入开始时意想不到的方向。它也有可能受到惊人的新发现的极大影响——在 20 世纪 90 年代早期，没有人能够预料到 1996 年神奇的"恐龙鸟"在中国的发现，而且这些发现持续至今；物理学和生物科学方面的技术进步在研究中也起到了越来越重要的作用，同样使我们能够以仅仅在几年前还难以想象的方式研究化石。

为了利用许许多多这样的机会，存在一群志同道合的人是很重要的。首先，他们必须对地球的生命历史怀有持久的兴趣，而且具有与生俱来的好奇特质。他们还需要在一系列广泛的领域中接受某些训练。虽然科学家个人在某种程度上能够独立工作和创造性思考仍很重要，但越来越多的情况是，需要多学科的团队带来与每个问题或每个新发现有关的更广泛的技术，以便获取能够推动科学稍稍前进一步的信息。

## 最后……

　　我的中心思想比较简单。我们作为人类，可以简单地选择无视地球上生命的历史，而这一历史通过研究化石至少可以部分地获得解释。的确有许多人坚持这样的想法。我要说，幸好我们中的少数人不这么看。生命的华彩乐章已经跨越了过去的 36 亿年——这是一个惊人的漫长时期。目前我们作为人类直接或间接地统治着大多数的生态系统，但我们仅仅是在过去的 1 万年里才上升到地球生命中的这个位置的。在人类出现之前，形形色色范围很广的生物占据着统治地位。恐龙就是这样的一个类群。从某种意义上来说，它们无意间充当了它们那个时代地球的管理者。古生物学使得我们能够部分追溯它们的这一管理地位。

　　更深层次的问题是：我们能否从过去的经验中学习，并运用它们来帮助我们，以使我们在最终消亡的时候为其他后继的种群留下一个适于居住的地球？鉴于当前呈指数增长的人口、气候变化，以及核能所造成的全球威胁，这是一个令人望而生畏的责任。地球不仅仅是"此时此刻"，而是具有久远历史的。我们是生存在这个星球上的、能够意识到这一点的第一个物种。我真诚地希望我们不会同样是最后一个。在研究了浩瀚无边的化石记录中物种的起伏盛衰以后，我们可以确信的一件事情是，人类不会永远存在。

自从我们作为智人在大约 50 万年前起源之后，我们人类可能会再延续 100 万年，或者如果我们特别成功（或幸运）的话，也许甚至是 500 万年，但我们最终将会重蹈恐龙的覆辙：这一点已经无可置疑地记录在岩石中了。